Legende

Orte

- über 1 000 000 Einw.
- 500 000 – 1 000 000 Einw.
- 100 000 – 500 000 Einw.
- 50 000 – 100 000 Einw.
- unter 50 000 Einw.
- Kanal
- •1051 Höhenzahl

Landhöhen

Watt	unter 0	0	50	100	200	300	500	750	1000	2000m

0 50 100 km

Auf dem Umschlagfoto ist das
alte Münchener Rathaus zu sehen.

MENSCH UND RAUM 5

Realschule Bayern

Lena Schönleben (Nürnberg)
Benjamin George (Marktredwitz)
Torsten Schmidt (Würzburg)

in Zusammenarbeit mit der Verlagsredaktion

didaktische Beratung:
Manuela Horlamus (München)

Die Mediencodes enthalten zusätzliche Unterrichtsmaterialien, die der Verlag in eigener Verantwortung zur Verfügung stellt.

Cornelsen

INHALTSVERZEICHNIS

1 Einführung in das Fach Geographie 6

2 Planet Erde 26

3 Gestalt und Gliederung der Erde 44

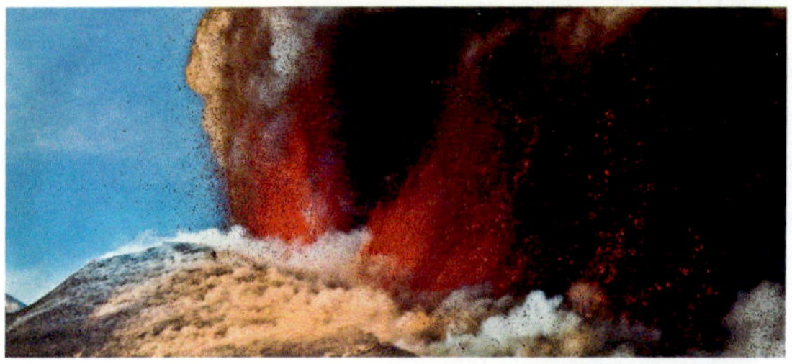

4 Veränderungen der Erdoberfläche 68

5 Naturräumliche und politische Strukturen in Deutschland und Bayern 92

6 Anwendungen im Nahraum 112

7 Aktuelle Fragen der Geographie 132

Tipps zur Arbeit mit dem Buch

Auftakt
Die Auftaktdoppelseiten eröffnen ein Kapitel. Bilder und ein einführender Text erschließen das Thema und laden zur Mitarbeit ein.

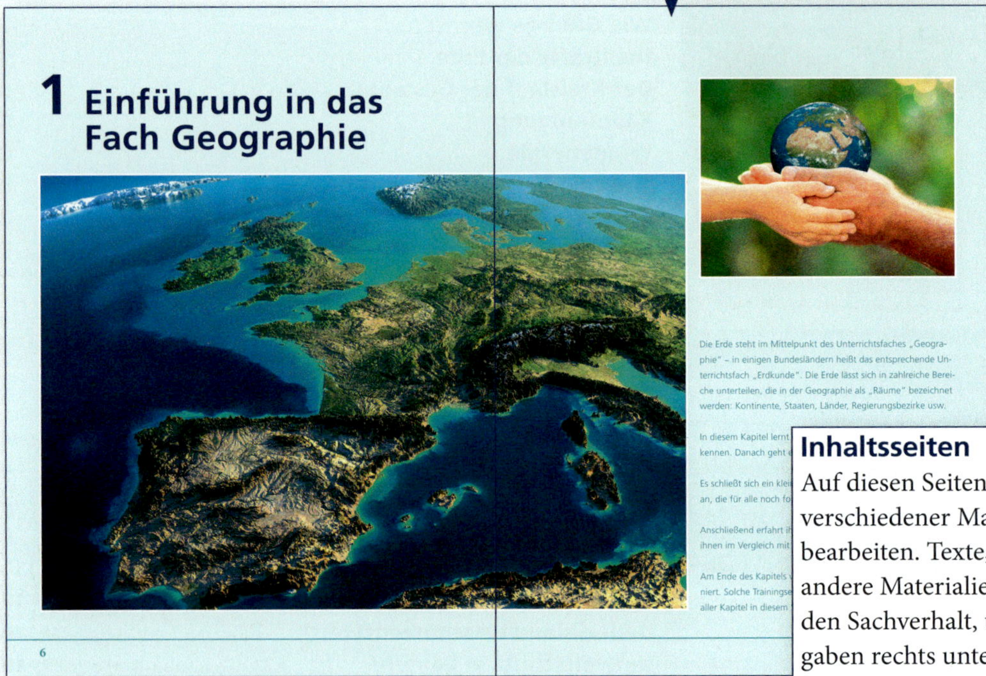

Inhaltsseiten
Auf diesen Seiten könnt ihr mithilfe verschiedener Materialien ein Thema bearbeiten. Texte, Bilder, Karten und andere Materialien (**M**) erschließen den Sachverhalt, um den es geht. Aufgaben rechts unten auf der Doppelseite helfen euch dabei, die Materialien zu erarbeiten.

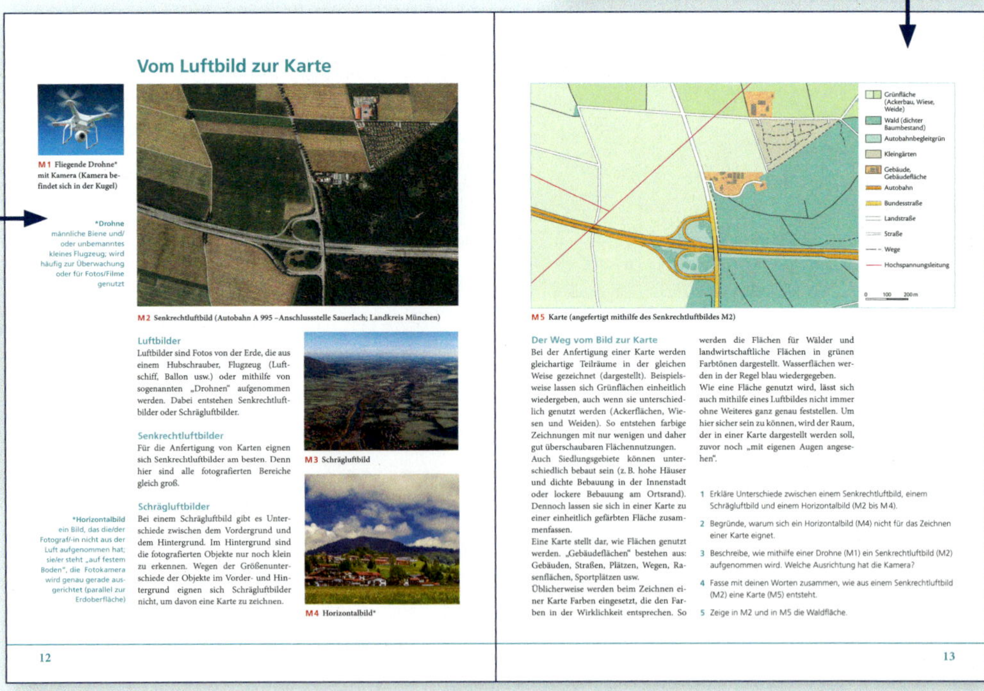

Begriffserklärungen
Hier werden Wörter erklärt, die ihr noch nicht kennt. Im Text sind sie mit einem Sternchen* markiert.

Methode

In den meisten Kapiteln gibt es „Methodenseiten", mit denen ihr schrittweise lernen könnt, wie ihr fachgerecht die vielfältigen Materialien des Geographieunterrichts aufschließen und erarbeiten könnt. Niemand kann alles wissen, aber wie man an das Wissen kommt, sollte jede und jeder können.

Das kann ich ...

Am Ende eines Kapitels könnt ihr euer Wissen überprüfen. Mithilfe der Aufgaben auf dieser Doppelseite könnt ihr feststellen, ob ihr über die in diesem Kapitel geforderten Fähigkeiten verfügt.

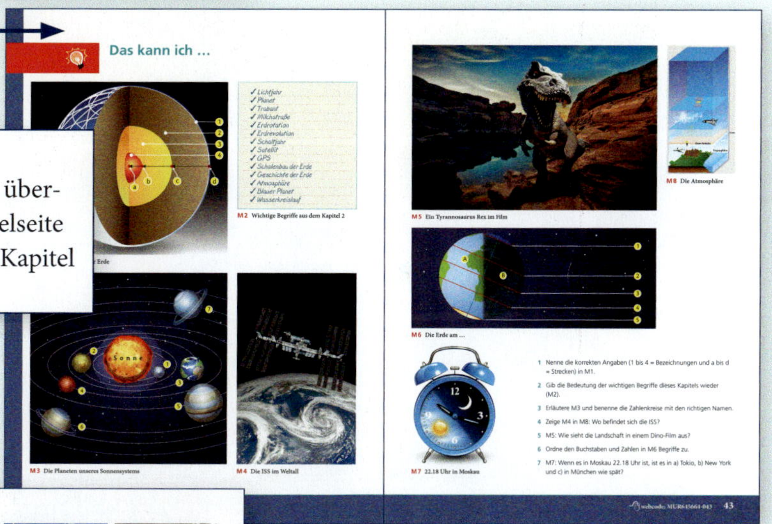

Webcode

Über den Webcode könnt ihr im Internet unter www.cornelsen.de/webcode weiteres Material zu einem Kapitel erhalten. Auf der Web-Site findet ihr ein Feld (Webcode), in das ihr den jeweiligen Code eingeben könnt (z. B.: MUR645664-043).

Anhang

Der „Anhang" beginnt auf der Seite 138. Der erste Teil besteht aus einer „Erklärung von Begriffen". Im zweiten Teil befindet sich ein Sachregister.

1 Einführung in das Fach Geographie

Die Erde steht im Mittelpunkt des Unterrichtsfaches „Geographie“ – in einigen Bundesländern heißt das entsprechende Unterrichtsfach „Erdkunde“. Die Erde lässt sich in zahlreiche Bereiche unterteilen, die in der Geographie als „Räume“ bezeichnet werden: Kontinente, Staaten, Länder, Regierungsbezirke usw.

In diesem Kapitel lernt ihr zunächst das neue Unterrichtsfach kennen. Danach geht es um Globus, Luftbild und Karte.

Es schließt sich ein kleiner Teil mit geographischen Methoden an, die für alle noch folgenden Schuljahre wichtig sind.

Anschließend erfahrt ihr etwas über digitale Karten und was bei ihnen im Vergleich mit gedruckten Karten anders ist.

Am Ende des Kapitels wird das neu Gelernte noch einmal trainiert. Solche Trainingseinheiten befinden sich am Ende (fast) aller Kapitel in diesem Schulbuch.

Geographie – mein neues Unterrichtsfach

M 1 Bild 1

***Geographie**
Der Begriff „Geographie" stammt aus dem Griechischen. „Geo" bedeutet: „Erde" und „graphein" heißt so viel wie „schreiben"; Geographie ist die Wissenschaft, welche die Erde erforscht und beschreibt.

Das neue Fach Geographie*

Im neuen Schuljahr wird sich viel für dich verändern. Du hast zum Beispiel neue Unterrichtsfächer. Dazu gehört das Fach Geographie.
Einiges aus dem neuen Fach kennst du bereits aus dem Heimat- und Sachkundeunterricht. Im Geographie-Unterricht lernst du die Erde noch genauer kennen: Du erfährst vieles über die Erde als Planet. Du lernst ihre verschiedenen Landschaften kennen und du findest heraus, wie der Mensch die Erde nutzt.

Naturnahe Landschaften

Hast du dir schon einmal überlegt, warum kein Berg dem anderen gleicht?
Weißt du, warum es in einigen Gebieten der Erde immer warm, in anderen Gebieten der Erde jedoch immer kalt ist?
Kannst du erklären, warum es in manchen Gebieten der Erde kaum regnet, in anderen aber doch?
Mithilfe des Faches Geographie kannst du Antworten auf diese Fragen finden. Du lernst, wie sich die verschiedenen Landschaften der Erde entwickelten.

Landschaften – vom Menschen gestaltet

Auf der Erde leben heute fast acht Milliarden Menschen. Seit Jahrtausenden nutzen sie die Reichtümer der Natur und verändern dabei die Naturräume der Erde.

M2 Bild 2

Alle Menschen benötigen Nahrung, Kleidung und Wohnraum. Sie wollen arbeiten und sich erholen.
Die Menschen bewirtschaften Felder, sie nutzen Wiesen und Gewässer.
Menschen betreiben Handel und sie legen Verkehrswege für den Transport von Personen sowie Waren an.

Wozu „Geographie"?

Dein neues Fach Geographie versucht, dir den Einfluss des Menschen auf die Erde zu verdeutlichen.
Auch du trägst mit **deinen Entscheidungen** und mit **deinem Handeln** zur **Veränderung von Naturräumen** bei.
Im Geographie-Unterricht kannst du dir das dazu erforderliche Wissen aneignen. Dieses Wissen hilft dir, dein Leben und das Leben anderer Menschen auf der Erde besser zu verstehen.
Einige Landschaften der Erde sind bereits als Lebensraum für Menschen und Tiere stark gefährdet. Hier ist es schon höchste Zeit, etwas dagegen zu tun.
Wie es dazu kommt und wie du die Umwelt schützen kannst, lernst du ebenfalls im Geographie-Unterricht.

1 Vergleiche M1 mit M2. Welche Unterschiede und Gemeinsamkeiten stellst du fest?

2 Erläutere den Unterschied zwischen naturnahen und vom Menschen gestalteten Landschaften.

3 Gib den beiden Abbildungen (M1 und M2) sinnvolle Unterschriften. Begründe deine Entscheidungen.

Der Globus – ein Modell der Erde

M 1 Globus des Martin Behaim

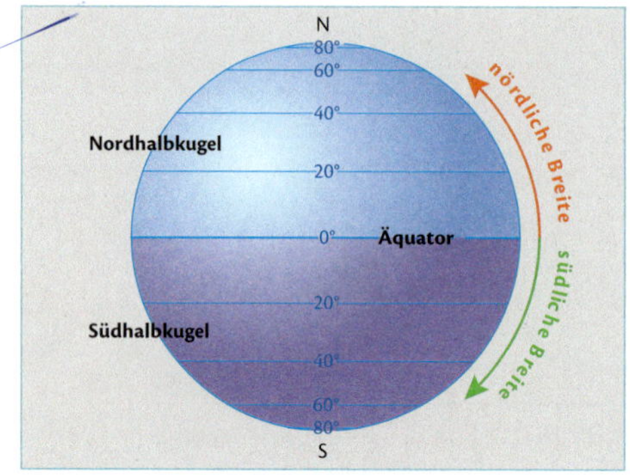

M 2 Die Breitenkreise

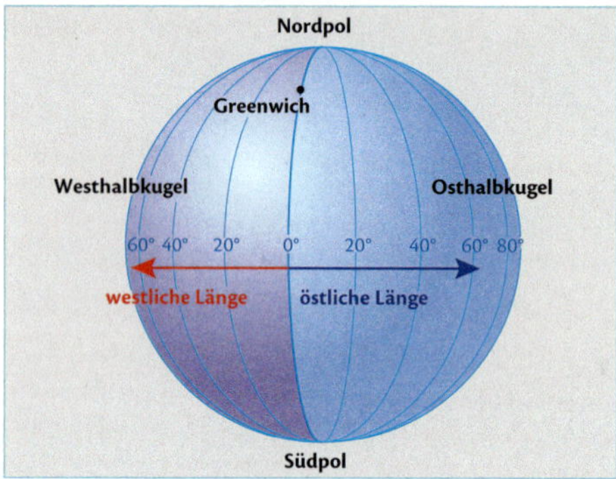

M 4 Die Längenkreise

*Geograph/-in
Erdwissenschaftler/-in

M 3 Hier war Felix in den Ferien.

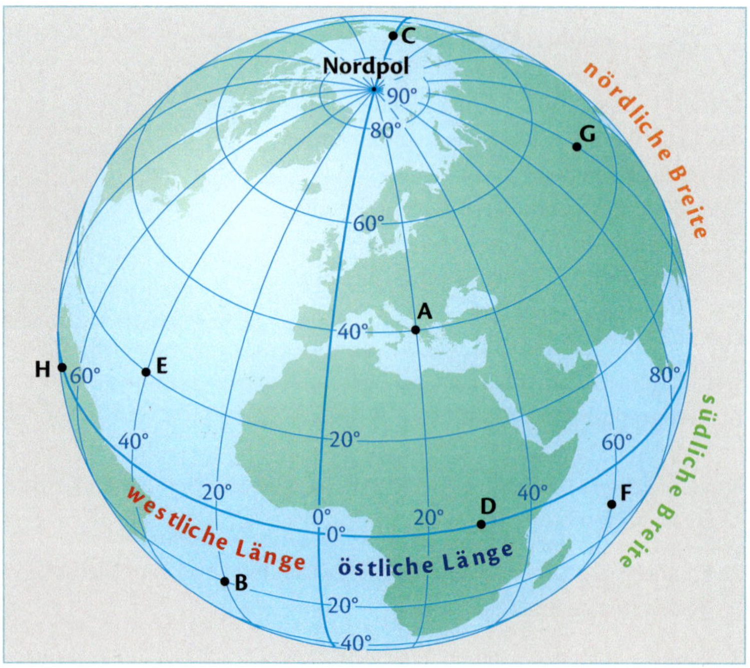

M 5 Das Gradnetz

Der erste Globus

Schon 1493 ließ **Martin Behaim** aus Nürnberg einen **Globus** anfertigen. Er ist der älteste noch erhaltene Globus der Erde. Auf ihm abgebildet ist die seinerzeit bekannte Welt. Der Globus wurde ständig weiter entwickelt. Er veränderte sich im Laufe der Jahrhunderte durch immer wieder neues Wissen über die Weltmeere und Erdteile.

Der Globus – ein Modell der Erde

Ein Globus ist ein stark verkleinertes Modell der Erde. Der Globus hat die Form einer Kugel, obwohl die Erde nicht ganz so „perfekt" geformt ist: Sie ist am **Äquator** ein wenig „dicker".

Das Gradnetz der Erde

Um sich auf der Erde gut zurechtfinden zu können, sind auf einem Globus Hilfslinien markiert: die **Längenkreise** und die **Breitenkreise**. Zusammen bilden sie das **Gradnetz der Erde**.

M6 **Ein Globus – drei Ansichten**

Längenkreise

Auf dem Globus gibt es zweimal 180 Längengradbogen: östliche Länge und westliche Länge. Diese Längengradbogen verlaufen zwischen Nord- und Südpol. Die Null-Grad-Linie verläuft durch einen Vorort von London. Er heißt: „Greenwich“. Östlich von Greenwich befindet sich die Osthalbkugel, westlich von Greenwich die Westhalbkugel.

Auf den Punkt gebracht

Mithilfe der Angabe von Länge und Breite lässt sich jeder Punkt (Ort) auf der Erde genau bestimmen.
München beispielsweise befindet sich bei etwa 48 Grad (°) Nord (oder: „nördlicher Breite“) und elf Grad (°) 35 Ost (oder: „östlicher Länge“).

Der Globus – ein Modell mit einer geneigten Drehachse

Im nächsten Kapitel erfahrt ihr mehr über den Himmelskörper (Planet) Erde. Hier werdet ihr jedoch schon darauf hingewiesen, dass die Drehachse des Globus um 23,5 Grad geneigt (oder „gekippt“) ist. Diese Neigung entspricht der wirklichen Schrägstellung der Erdachse.

M7 **Die Erde – aus dem Weltall fotografiert**

1 Erkläre die Breiten- und Längenkreise der Erde (M2/M4). Verwende dabei die Begriffe aus den Grafiken (Nordhalbkugel, Südhalbkugel …). Wo befindet sich der Ort „Greenwich“ (Gradnetz, Land, Stadt)?

2 Bestimme die Lage der Orte A bis H in M5 (im Gradnetz der Erde).

3 Beschreibe die drei Fotos in M6. Wie unterscheiden sie sich voneinander? Bilde diese „Situationen“ mit einem Globus nach.

4 Finde heraus, wo Felix in den Ferien war (M3).

5 Vergleiche M6 mit M7. Erläutere die Gemeinsamkeiten und Unterschiede.

6 Gib zwei Beispiele, wozu die genaue Bestimmung eines Ortes auf der Erde hilfreich sein kann.

Vom Luftbild zur Karte

M 1 **Fliegende Drohne* mit Kamera (Kamera befindet sich in der Kugel)**

***Drohne**
männliche Biene und/oder unbemanntes kleines Flugzeug; wird häufig zur Überwachung oder für Fotos/Filme genutzt

M 2 **Senkrechtluftbild (Autobahn A 995 – Anschlussstelle Sauerlach; Landkreis München)**

Luftbilder

Luftbilder sind Fotos von der Erde, die aus einem Hubschrauber, Flugzeug (Luftschiff, Ballon usw.) oder mithilfe von sogenannten „Drohnen" aufgenommen werden. Dabei entstehen Senkrechtluftbilder oder Schrägluftbilder.

Senkrechtluftbilder

Für die Anfertigung von Karten eignen sich Senkrechtluftbilder am besten. Denn hier sind alle fotografierten Bereiche gleich groß.

Schrägluftbilder

Bei einem Schrägluftbild gibt es Unterschiede zwischen dem Vordergrund und dem Hintergrund. Im Hintergrund sind die fotografierten Objekte nur noch klein zu erkennen. Wegen der Größenunterschiede der Objekte im Vorder- und Hintergrund eignen sich Schrägluftbilder nicht, um davon eine Karte zu zeichnen.

M 3 **Schrägluftbild**

M 4 **Horizontalbild***

***Horizontalbild**
ein Bild, das die/der Fotograf/-in nicht aus der Luft aufgenommen hat; sie/er steht „auf festem Boden", die Fotokamera wird genau gerade ausgerichtet (parallel zur Erdoberfläche)

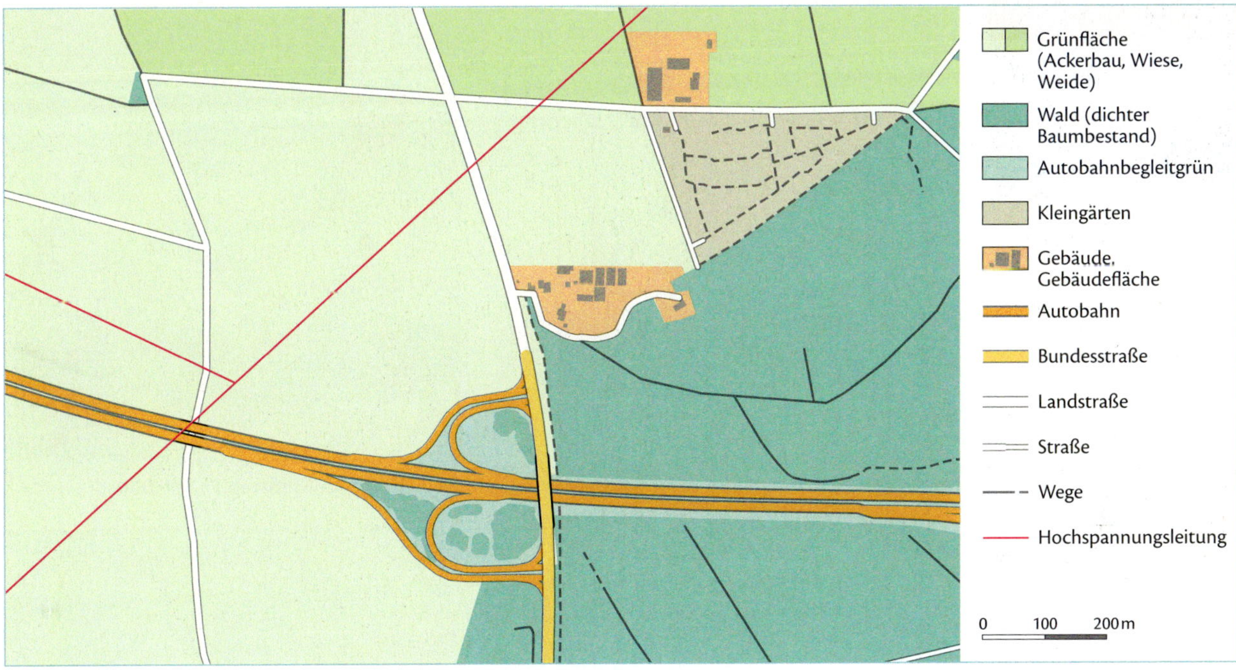

M5 **Karte (angefertigt mithilfe des Senkrechtluftbildes M2)**

Der Weg vom Bild zur Karte

Bei der Anfertigung einer Karte werden gleichartige Teilräume in der gleichen Weise gezeichnet (dargestellt). Beispielsweise lassen sich Grünflächen einheitlich wiedergeben, auch wenn sie unterschiedlich genutzt werden (Ackerflächen, Wiesen und Weiden). So entstehen farbige Zeichnungen mit nur wenigen und daher gut überschaubaren Flächennutzungen.

Auch Siedlungsgebiete können unterschiedlich bebaut sein (z. B. hohe Häuser und dichte Bebauung in der Innenstadt oder lockere Bebauung am Ortsrand). Dennoch lassen sie sich in einer Karte zu einer einheitlich gefärbten Fläche zusammenfassen.

Eine Karte stellt dar, wie Flächen genutzt werden. „Gebäudeflächen“ bestehen aus: Gebäuden, Straßen, Plätzen, Wegen, Rasenflächen, Sportplätzen usw.

Üblicherweise werden beim Zeichnen einer Karte Farben eingesetzt, die den Farben in der Wirklichkeit entsprechen. So werden die Flächen für Wälder und landwirtschaftliche Flächen in grünen Farbtönen dargestellt. Wasserflächen werden in der Regel blau wiedergegeben.

Wie eine Fläche genutzt wird, lässt sich auch mithilfe eines Luftbildes nicht immer ohne Weiteres ganz genau feststellen. Um hier sicher sein zu können, wird der Raum, der in einer Karte dargestellt werden soll, zuvor noch „mit eigenen Augen angesehen“.

1 Erkläre Unterschiede zwischen einem Senkrechtluftbild, einem Schrägluftbild und einem Horizontalbild (M2 bis M4).

2 Begründe, warum sich ein Horizontalbild (M4) nicht für das Zeichnen einer Karte eignet.

3 Beschreibe, wie mithilfe einer Drohne (M1) ein Senkrechtluftbild (M2) aufgenommen wird. Welche Ausrichtung hat die Kamera?

4 Fasse mit deinen Worten zusammen, wie aus einem Senkrechtluftbild (M2) eine Karte (M5) entsteht.

5 Zeige in M2 und in M5 die Waldfläche.

METHODE

Wir arbeiten mit Atlas und Karten

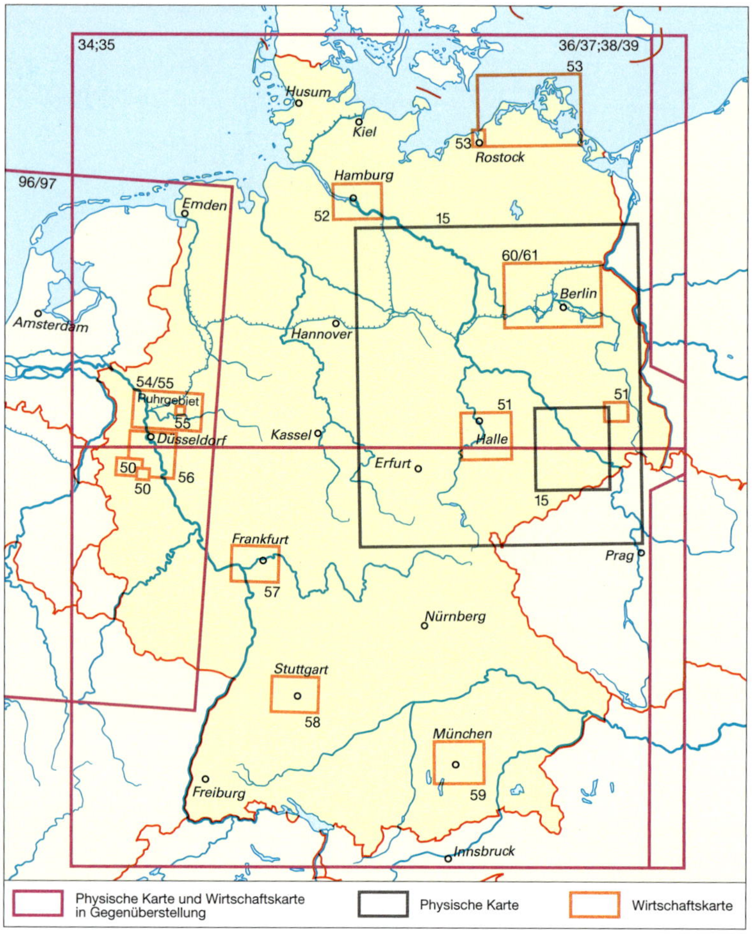

M 1 Kartenweiser in einem Atlas

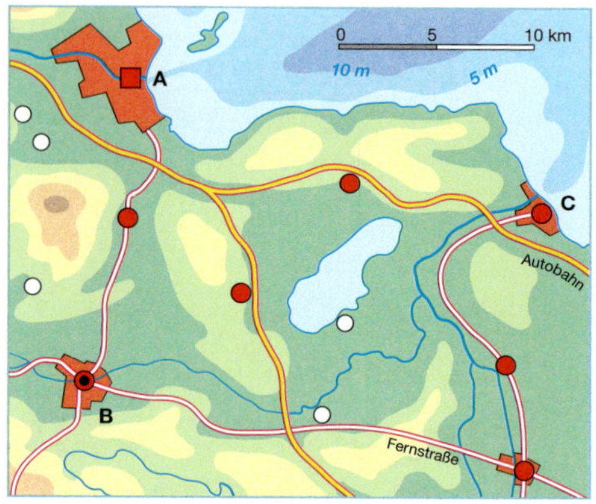

M 2 Karte im Maßstab 1 : 500 000

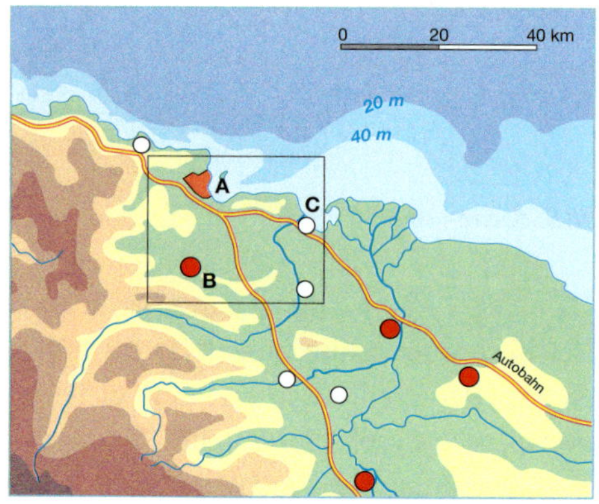

M 3 Karte im Maßstab 1 : 2 000 000

Atlas und Karten

Der Atlas ist eine Kartensammlung in Form eines Buches. Ein Kartenweiser vorn im Atlas erlaubt einen schnellen Überblick zu den Karten im Innern.

Die Karten in einem Atlas haben unterschiedliche **Maßstäbe**. Mithilfe der **Maßstabsleiste** lassen sich Strecken (Entfernungen) messen.

In der **Legende** (Zeichenerklärung) einer Karte ist dargestellt, wie man eine Karte „liest". Die einzelnen „Zeichen" einer Karte heißen **Signaturen**.

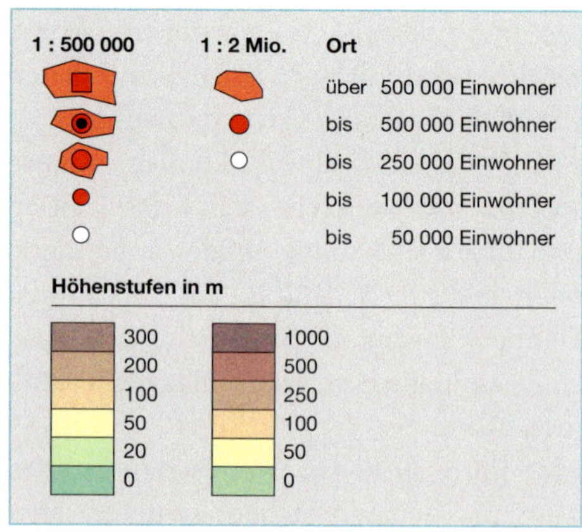

M 4 Legende für die Karten M2 und M3

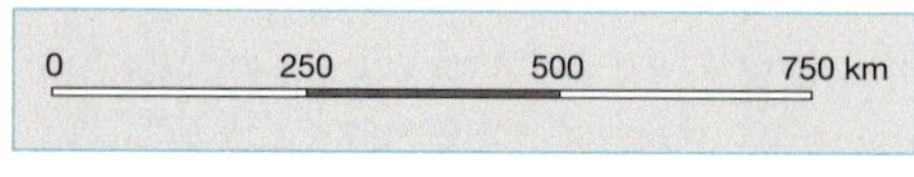

M 5 Maßstabsleiste 1 : 15 000 000

Physische Karten

Die physische Karte zeigt die Oberflächenform (ein anderes Wort dafür ist: Relief, gesprochen: „Re-li-ef“) eines Raumes. Mit grüner Farbe werden tief gelegene Gebiete gezeichnet. Höhere Gebiete sind in Brauntönen dargestellt. Achtung: Die Farbe sagt nichts über die Fruchtbarkeit aus. Beispielsweise wird auch eine tief gelegene Sandwüste mit grüner Farbe markiert.
In einer physischen Karte werden Gewässer, Grenzen und größere Orte dargestellt. Eine physische Karte zeigt auch Eisenbahnlinien und andere Verkehrswege.

Der Kartenmaßstab

Der **Maßstab** einer Karte gibt uns eine Auskunft darüber, wie stark **verkleinert** wurde. Hierfür gibt es zwei Möglichkeiten: eine Angabe in Zahlen oder eine Maßstabsleiste.
Bei der Maßstabsangabe in Zahlen steht immer eine 1 vor einem Doppelpunkt. Das liest man: „1 zu …“ – beispielsweise 1 zu 500 000. Es bedeutet: Ein Zentimeter auf der Karte entspricht so vielen Zentimetern in der Wirklichkeit. In diesem Falle wären es 500 000 Zentimeter – verständlicher gesagt: 5000 Meter oder fünf Kilometer.
Die Zahl hinter dem Doppelpunkt heißt **Maßstabszahl**.

Die Größe der Kartenobjekte

Die Einzelheiten einer Karte (Städte, Flüsse, Berge usw.) werden auch als „Objekte“ bezeichnet. Objekte werden in Karten unterschiedlich dargestellt. So findest du auf einer Weltkarte beispielsweise nur die größten Städte. Auf einer Bayern-Karte hingegen sind neben den größeren Städten auch kleinere Orte eingetragen.
Je größer die Fläche in der Wirklichkeit ist, die eine Karte abbildet, desto weniger Einzelheiten enthält sie.

Maßstab	1 cm in der Karte entspricht so vielen cm in der Wirklichkeit	Maßstabsleiste
1 : 1 000 000	1 000 000 cm = 10 000 m = 10 km	0 10 20 km
1 : 100 000	100 000 cm = 1000 m = 1 km	0 1 2 km
1 : 10 000	10 000 cm = 100 m = 0,1 km	0 100 200 m
1 : 1000	1000 cm = 10 m = 0,01 km	0 10 20 m
1 : 100	100 cm = 1 m = 0,001 km	0 1 2 m

M6 Unterschiedliche Maßstäbe im Zahlenvergleich

- ✔ Wir suchen im Atlas eine geeignete Karte, um eine Aufgabe zu lösen. Dazu benutzen wir den Kartenweiser und/oder das Inhaltsverzeichnis.
- ✔ Wir informieren uns darüber, was die Legende der Karte darstellt.
- ✔ Wir werten die Karte unter einer bestimmten Fragestellung aus. Beispielsweise zeigen und beschreiben wir den Verlauf der Donau. Dabei kommt es nicht auf jede kleine Biegung an.

M7 Checkliste für Atlas und Karte

1 Beschreibt die Funktion eines Kartenweisers (M1). Was geben die viereckigen Rahmen in der Abbildung M1 an?

2 Zählt auf, was zu einer Karte gehört (Text). Geht auch auf die Begriffe „Signatur“ und „Legende“ ein.

3 Erläutert die „Veränderungen“ von M2 nach M3. Bezieht bei euren Erläuterungen M4 ein.

4 Gebt mit euren Worten wieder, was eine Maßstabszahl bedeutet.

5 Erklärt die Tabelle M6.

6 Messt in M5 aus, wie vielen Zentimetern 500 Kilometer in der Wirklichkeit entsprechen.

7 M2: Messt aus oder rechnet aus, wie vielen Zentimetern fünf Kilometer in der Wirklichkeit entsprechen.

METHODE

Wir beschreiben die Lage eines Ortes

M 1 Deutschland in Europa

Die geographische Lage

Im Geographie-Unterricht werdet ihr öfter dazu aufgefordert, die (geographische) Lage eines Ortes/Landes zu beschreiben. Wie das am besten durchzuführen ist, wird hier an Beispielen beschrieben.

Die geographische Lage Bayerns in Deutschland

Die geographische Lage Bayerns in Deutschland lässt sich vielfältig angeben: Bayern liegt (zum überwiegenden Teil) östlich von Baden-Württemberg und südlich von Thüringen. Bayern befindet sich im Südosten Deutschlands.

Die geographische Lage Deutschlands in Europa

Deutschland liegt südlich von Dänemark, östlich von den Niederlanden, von Belgien, von Luxemburg und von Frankreich.
Deutschland ist nördliches Nachbarland von der Schweiz und von Österreich.
Deutschland liegt westlich von Polen und westlich von der Tschechischen Republik.
Der nördliche Teil Deutschlands befindet sich zwischen der Nordsee (im Westen) und der Ostsee (im Osten).
Der südliche Teil Deutschlands befindet sich zwischen Frankreich, der Schweiz, Österreich und Tschechien.

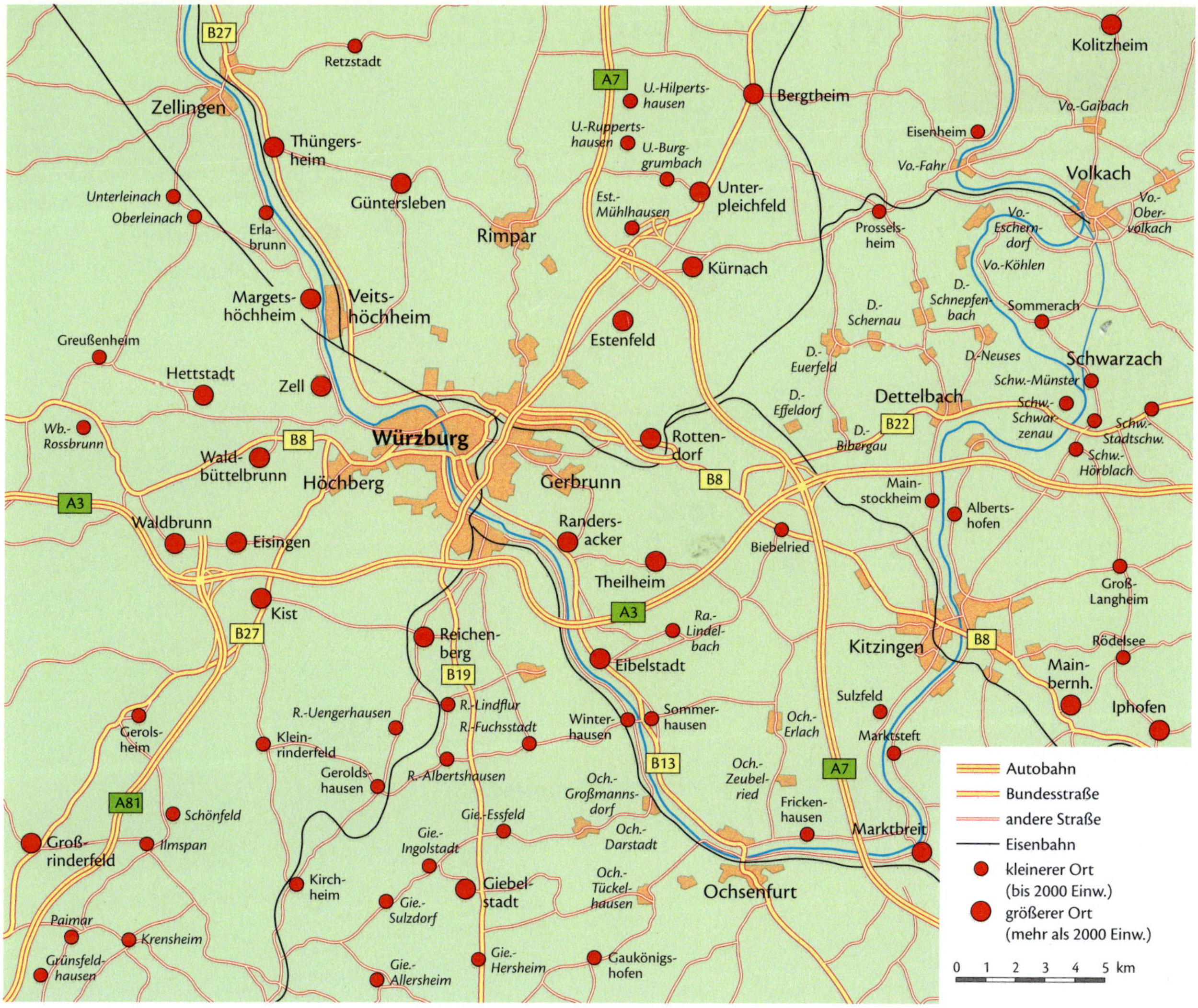

M2 **Würzburg und Umgebung**

- ✔ Wir suchen im Atlas oder auf einer geeigneten (physischen) Karte das Land bzw. den Ort, dessen geographische Lage beschrieben werden soll.
- ✔ Wir geben bei geographischen Lagebeschreibungen immer Himmelsrichtungen an.
- ✔ Wenn es erforderlich oder sinnvoll ist, geben wir auch Entfernungen an.

M3 **Checkliste für Lagebeschreibungen**

1 Gebt mithilfe von M1 die geographische Lage Berlins in Deutschland an.

2 Beschreibt mithilfe von M1 die geographische Lage der Tschechischen Republik (CZ).

3 Erarbeitet mithilfe von M2 ein „Kettenspiel" zur geographischen Lage. Schüler/-in A beginnt mit einem Ort und nennt dessen geographische Lagebeziehung. Danach benennt sie/er eine/-n andere/-n Schüler/-in und einen anderen Ort, dessen geographische Lage beschrieben werden soll. Das Spiel geht so weiter und kann zeitlich begrenzt werden.

4 Präzisiert mithilfe von M2 geographische Lagebeziehungen, indem ihr zusätzliche (ungefähre) Entfernungsangaben macht.

METHODE

Wir lesen eine Karte

M 1 **Flughäfen und Verkehrslandeplätze in Bayern (Stand: 2015)**

Karten

Karten werden unterschieden in **topographische Karten** (Landkarten) und **thematische Karten**.

Topographische Karten werden zum Ausmessen von Standorten genutzt und dienen vor allem zur Orientierung im Gelände. Auch die physische Karte kann zu den topographischen Karten gezählt werden.

Thematische Karten hingegen zeigen einen besonderen bzw. speziellen Sachverhalt (das sogenannte „Thema“).

Das Thema einer Karte kann durch Flächenfarben, durch Linien und Einzelzeichen (Punktsignaturen) oder aus einer Mischung davon dargestellt werden.
Die Einzelzeichen zeigen die geographische Lage eines Objektes an. Unterschiedliche Größen können durch unterschiedliche Zeichen ausgedrückt werden.
Bei Wirtschaftskarten werden üblicherweise drei **Größengruppen** gebildet. Das größte Kartenzeichen lässt erkennen, dass es an diesem Ort besonders viele Arbeitsplätze gibt. Beim kleineren Kartenzeichen und kleinsten Kartenzeichen sind es entsprechend weniger Arbeitsplätze (M4).
Wenn es nicht anders angegeben ist, ist **oben** auf einer Karte immer **Nord.**

Beispiel für die Auswertung von Punktsignaturen

Die thematische Karte M1 zeigt die Flughäfen und Verkehrslandeplätze in Bayern. 2015 gab es in Bayern zwei internationale Flughäfen (München und Nürnberg) sowie zwei Sonderflughäfen (Oberpfaffenhofen und Ingolstadt-Manching).
In Memmingen, im Südwesten Bayerns, gibt es einen Regionalflughafen.
Die 23 bayerischen Verkehrslandeplätze sind gleichmäßig über das Land verteilt. In den Alpen sowie im Alpenvorland gibt es keine Flughäfen und Verkehrslandeplätze.

Beispiel für für die Auswertung von Flächensignaturen

Die thematische Karte M2 zeigt den jährlichen Niederschlag im Südosten Bayerns. Von Süden nach Norden nehmen die Niederschlagsmengen ab.
In den Alpen fallen mit mehr als 2000 Millimetern jährlich die meisten Niederschläge.
Die geringsten Niederschläge fallen im Bereich der Donau sowie nördlich der Isar. Dort sind es zwischen 600 und 700 Millimetern Niederschlag pro Jahr.

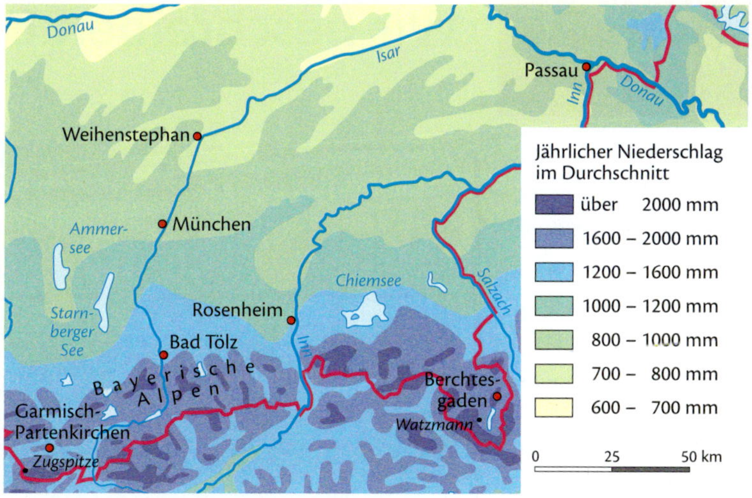

M2 **Jährlicher Niederschlag in Südostbayern**

- ✔ Wir lesen die Materialunterschrift (und ordnen die Karte in einen größeren Raum ein, wenn eine solche Einordnung hilfreich ist).
- ✔ Wir entnehmen der Legende, welches Thema in der Karte dargestellt ist.
- ✔ Wir beschreiben die Inhalte der thematischen Karte in sinnvollen Zusammenhängen. Dabei beginnen wir am besten mit etwas, das uns sofort auffällt oder was uns besonders zu sein scheint.

M3 **Checkliste für Kartenarbeit**

M4 **Dreifache Stufung einer Punktsignatur auf einer Atlaskarte**

1 Erklärt, was in M4 dargestellt ist.

2 Messt in M1 die Entfernung zwischen dem Flughafen München und dem Flughafen Nürnberg.

3 Findet heraus, welcher bayerische Verkehrslandeplatz am weitesten westlich, welcher am weitesten nördlich, welcher am weitesten östlich und welcher am weitesten südlich ist (M1).

4 Ermittelt mithilfe von M2 die jährlichen Niederschlagsmengen
a) am Ammersee,
b) am Starnberger See,
c) am Chiemsee.

METHODE

Wir beschreiben Bilder

M 1 Blick auf den Forggensee und die Allgäuer Alpen (19.09.2015)

Bilder

Bilder (Fotos) geben einen guten Eindruck von der Wirklichkeit wieder. Sie zeigen uns Räume fast so genau, wie wir sie mit unseren eigenen Augen sehen würden.

Im Geographie-Unterricht stellen Bilder ein wichtiges Hilfsmittel für die Erkundung verschiedener Räume dar.

Bildbeschreibung

Bei einer Bildbeschreibung informiert man sich zunächst über den Ort, wo die fotografische Aufnahme entstand. Wenn es angegeben ist, informiert man sich auch über das Datum der Aufnahme.

Anschließend wird das Bild durch gedachte Hilfslinien aufgeteilt in: **Vordergrund**, **Mittelgrund**, **Hintergrund** sowie eine linke und eine rechte Hälfte.

Eine Einteilung in die drei Bereiche: Vorder-, Mittel- und Hintergrund ist nicht immer leicht möglich. Am besten nutzt man dafür ungefähre Entfernungen (nah, mittelweit, fern) und/oder farbliche Abstufungen.

Im Vordergrund sind die Farben normalerweise kräftiger als im Hintergrund eines Bildes. Im Vordergrund sind die Objekte größer als im Hintergrund.

Beispiel einer Bildbeschreibung

Das Bild M1 zeigt den Blick auf einen Teil des Forggensees und auf einen Teil der Allgäuer Alpen. Es wurde am 19. September 2015 aufgenommen.

Im **Vordergrund** erkennt man eine (grüne) Wiese, (Laub-)Bäume, Wege (Straßen) sowie zwei Gebäude (Häuser). Das eine Gebäude hat ein rotes Dach, das andere Gebäude hat ein braunes Dach.

Im **Mittelgrund** sind eine (blaue) Wasserfläche (Forggensee) sowie ein leicht hügeliges Gelände ebenfalls mit Wiesen, Wegen, Bäumen (überwiegend Nadelbäume) und wenigen Gebäuden zu sehen.

Der **Hintergrund** zeigt ein Gebirge (die Allgäuer Alpen), dessen unterer Teil bewaldetet ist. Die Gipfel des Gebirges sind felsig.

M2 Allgäuer Voralpenlandschaft (29.05.2014)

M3 Blick auf den Ort Valldemossa (auf Mallorca; fotografiert am 1.11.2014)

- ✔ Wir lesen die Bildunterschrift, um zu erfahren, welcher Teil der Erde bzw. was dargestellt ist.
- ✔ Wir gliedern das Bild in Vordergrund, Mittelgrund und Hintergrund sowie in eine rechte und linke Hälfte.
- ✔ Wir beschreiben das Bild. Dabei beginnen wir mit den Inhalten des Vordergrundes. Danach beschreiben wir die Bildmitte (den Mittelgrund). Schließlich beschreiben wir den Hintergrund.

M4 Checkliste für eine Bildbeschreibung

1 Beschreibt das Bild M2 mithilfe der Checkliste M4.

2 Versucht eine Bildbeschreibung von M3. Besprecht miteinander, auf welche Schwierigkeiten ihr dabei gestoßen seid. Wie könnte man die Schwierigkeiten lösen?

3 Trainiert mithilfe weiterer Fotos eurer Wahl aus diesem Schulbuch die Bildbeschreibung.

Nicht nur gedruckt ...

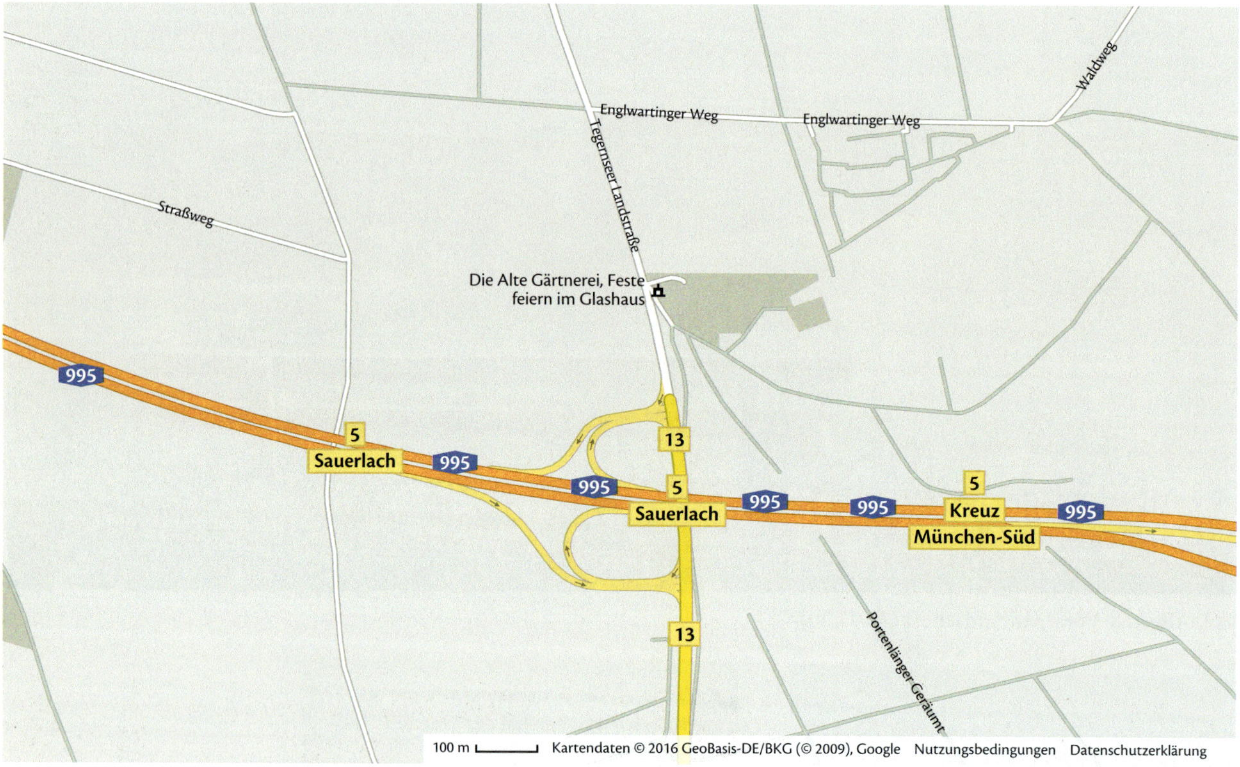

M 1 Kartenausschnitt aus Google-Maps

M 2 Auch eine digitale Karte – hier: im Auto

***Printprodukt**
gedrucktes Erzeugnis; abgeleitet vom englischen Wort *print* (drucken)

***digital**
mithilfe eines Computers entstanden

***Navigation**
Einhaltung eines Weges zu einem bestimmten festgelegten Ziel

Papier und/oder Bildschirm?

Karten wurden lange Zeit auf Papier gedruckt und dann gerollt oder gefaltet. Die Nutzer/-innen führten diese Karten mit sich – beispielsweise als Straßenkarte auf einer Urlaubsreise oder als Stadtplan bei der Suche einer Adresse.

Nach der Erfindung des Computers und seiner vielfältigen Einsatzmöglichkeiten hat sich auch die „Karte auf dem Bildschirm" durchgesetzt. – Das Printprodukt* wurde weitgehend vom digitalen* Erzeugnis abgelöst.

Heute haben viele ein Navigationsgerät* (kurz: „Navi") in ihrem Auto. Auch solche Navigationsgeräte zeigen auf ihren Bildschirmen digitale Karten. Diese Geräte bieten ihren Nutzern allerlei technische Möglichkeiten. Mit ihrer Hilfe werden sie verlässlich an ihr Ziel geführt.

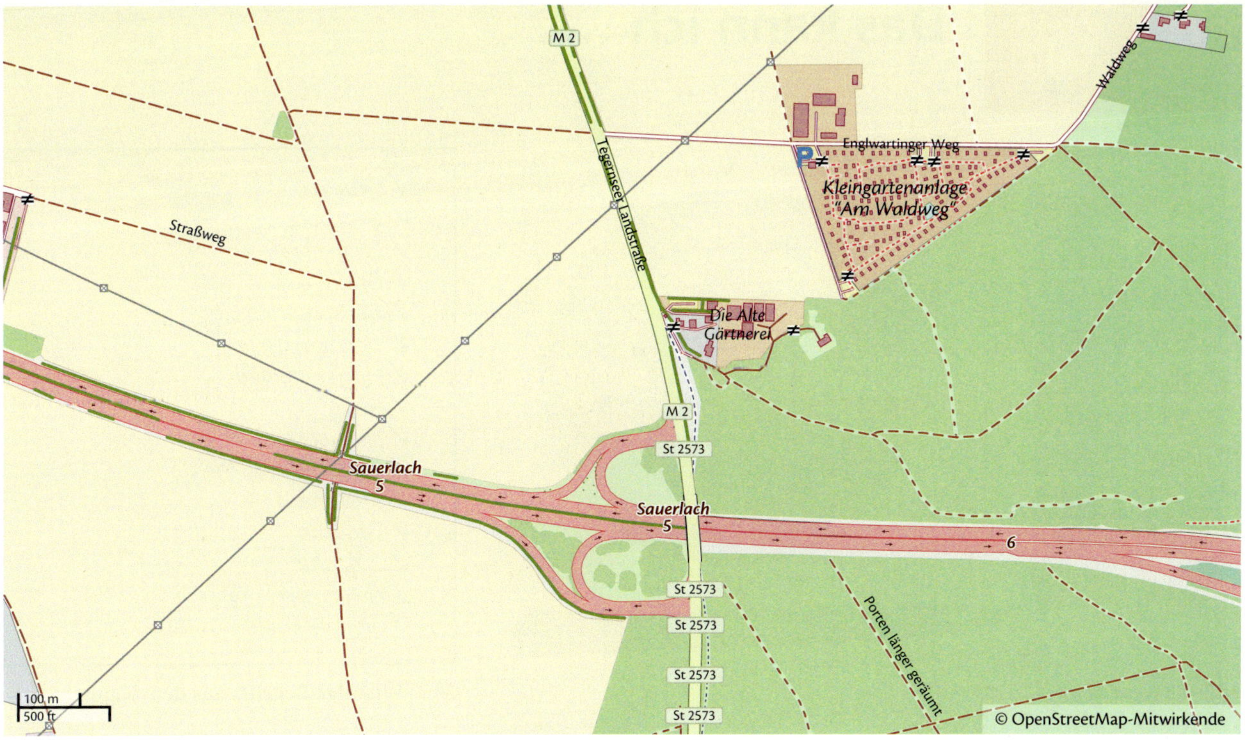

M 3 Derselbe Kartenausschnitt wie bei M1 – hier: aus OpenStreetMap

Karten im Internet

Im Internet lassen sich ohne große Anstrengungen kostenlose digitale Karten finden, mit denen einige nützliche Funktionen verbunden sind.

Das Auffinden einer Adresse ist mit einer solchen digitalen Karten beispielsweise ebenso leicht möglich wie die Messung von Strecken.

Zu Fuß, mit einem Straßenfahrzeug oder mit der Bahn? Kein Problem, die digitale Karte zeigt nicht nur die unterschiedlichen Wegstrecken an, sondern gibt auch die Zeit an, die dafür eingeplant werden sollte.

Viele Geschäfte helfen ihren Kunden im Internet, indem sie digitale Karten abbilden oder verlinken.

So lässt sich in der Regel schnell der Weg zum Unternehmen finden. Und wenn der Wohnort als Ausgangspunkt gesetzt wird, sind wieder Wegzeit und Strecke leicht zu ermitteln.

M 4 Mit einem Stadtplan unterwegs

1 Vergleiche M1 mit M3 – stelle Gemeinsamkeiten und Unterschiede heraus.

2 Liste Vorteile und Nachteile von digitalen sowie gedruckten Karten auf (M1 bis M4). Denk dabei auch an Auslandsreisen.

3 Finde im Internet digitale Kartenbeispiele und berichte darüber vor der Klasse.

4 Zeige auf einer digitalen Karte dein Wohnhaus. Schildere, wie du vorgegangen bist.

Das kann ich …

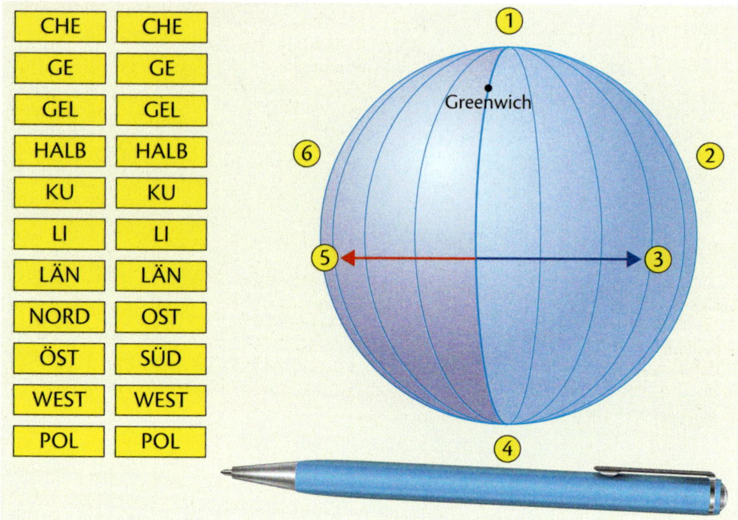

M 1 Der Länge nach … ein Kuli?

- ✓ Globus
- ✓ Gradnetz
- ✓ Längenkreis
- ✓ Breitenkreis
- ✓ Senkrechtluftbild
- ✓ Schrägluftbild
- ✓ Horizontalbild
- ✓ Atlas
- ✓ physische Karte
- ✓ Wirtschaftskarte
- ✓ Maßstab
- ✓ Legende
- ✓ Signatur
- ✓ thematische Karte
- ✓ digitale Karte

M 3 Wichtige Begriffe aus dem Kapitel 1

Vor Jahrtausenden herrschte im heutigen Europa noch eine weit verbreitete Vorstellung davon, dass die Erde eine Scheibe wäre. Begreiflich, dass Seefahrern nicht wohl bei dem Gedanken war. Gelangten sie nämlich an den Rand der Erdscheibe, müssten sie doch schlimmstenfalls in ein Nichts abstürzen.
Um einen Anhaltspunkt dafür zu finden, dass die Erde eine Kugelgestalt hat, reicht eigentlich ein gutes Sehvermögen und ein großes Gewässer. Aber warum?

M 2 Die Kugelgestalt der Erde …

In der Nacht des 14. Aprils 1912 war das seinerzeit größte Schiff der Welt unterwegs auf einer Reise von Southampton (Großbritannien) nach New York: die TITANIC.
Mitten im Atlantischen Ozean stieß das Schiff mit einem Eisberg zusammen.
Es dauerte keine drei Stunden, bis der Schiffsriese vollständig unter Wasser geriet, sank und in mehr als 3800 Metern Tiefe auf dem Meeresboden aufschlug.
Die Stelle, an der das Schiffswrack heute noch liegt, hat folgende Gradnetzangaben: 42° N, 50° W.

M4 Schiffskatastrophe im Atlantik

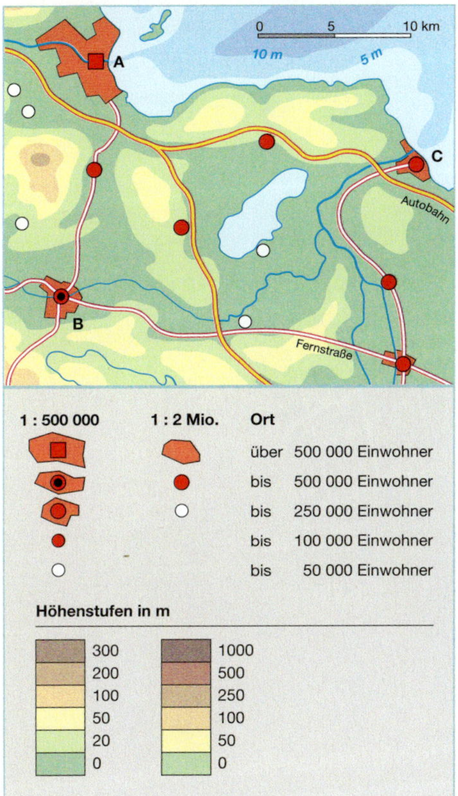

M5 Karte, Signatur und Legende

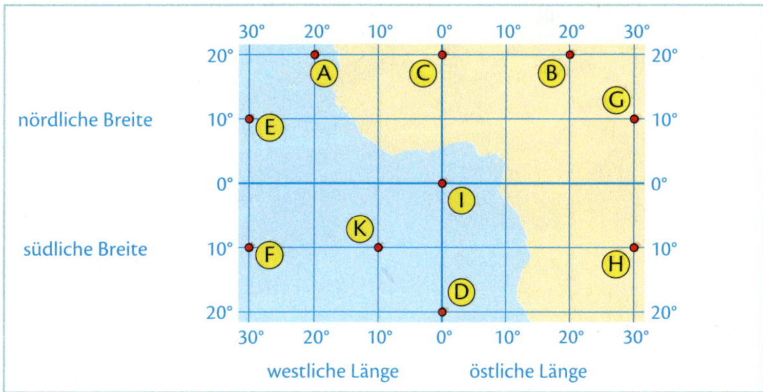

M6 Auf den Punkt gebracht …

1 Gib die Bedeutung der wichtigen Begriffe dieses Kapitels wieder (M3).

2 Bringe Ordnung in das Chaos in M1. Hier geht es nicht um einen Kuli, sondern um die richtige Beschriftung. Finde mithilfe der vorgegebenen Silben die sechs richtigen Begriffe und schreibe sie auf.

3 Antworte auf die Frage am Ende des Textes von M2.

4 Zeige auf einem Globus und/oder einer Atlaskarte den Ort, wo das Wrack der Titanic liegt (M4).

5 Fasst noch einmal wesentliche Merkmale einer Karte mündlich zusammen (M5). Eine/-r beginnt und sagt einen ersten Satz. Dann folgt eine zweite Person mit einem zweiten usw. Verwendet auch die drei Begriffe der Materialunterschift.

6 Gib die Gradnetz-Positionen der zehn Markierungen in M6 an.

2 Planet Erde

In diesem Kapitel erfahrt ihr einiges über die Erde – zum Beispiel wie alt sie ist und warum ihr Aufbau mit einem Pfirsich verglichen werden kann.

Ihr lernt auch die benachbarten Planeten der Erde kennen und ihr versteht den Zusammenhang von Uhrzeiten, Tag und Nacht sowie die Entstehung der Jahreszeiten.

Außerdem werdet ihr verstehen können, warum Wasser, Luft und Sonnenlicht für unsere Erde so wichtig sind.

Satelliten (wie links auf dem Foto) sind äußerst nützliche Helfer für uns. Zwar sind sie tausende Kilometer von uns entfernt, aber dennoch arbeiten sie sehr genau und gezielt.

Jetzt geht's aber auch schon los mit dem Kapitel 2.

Der Countdown läuft. Wir starten in wenigen Sekunden: fünf, vier, drei, zwei, eins …

Ein tiefer Blick in den Nachthimmel

M 1 Blick aus den Alpen in die Milchstraße (4. 11. 2015)

Weißt du wie viel Sternlein stehen?

Ein Blick in unseren Nachthimmel regt manchen zum Nachdenken und vielleicht sogar zum Träumen an. Viele funkelnde **Sterne** strahlen in der Dunkelheit des Weltalls. Doch was funkelt da eigentlich?
Es sind Sterne. Sterne sind Himmelskörper, die selbst leuchten – so wie unsere **Sonne**. Es gibt unbeschreiblich viele leuchtende Sterne. Allein 5000 dieser „Sonnen" können wir von der Erde aus mit bloßem Auge erkennen.

Die Milchstraße

Manchmal, wenn in der Nacht der Himmel wolkenlos ist und wir uns weit weg von einer hellen Stadt befinden, haben wir Glück. Dann sehen wir einen Teil der Milchstraße.

Mehrere Milliarden Sterne

Die Milchstaße wird gebildet von bis zu rund zweihundert Milliarden Sternen. Die genaue Anzahl kennt niemand.
So unvorstellbar wie die Zahl der Sterne ist auch die Größe der Milchstraße. Die Milchstraße ähnelt einer Scheibe. Der Durchmesser dieser Scheibe entspricht ungefähr 100 000 Lichtjahren. Das bedeutet, dass diese Scheibe so groß, ist wie ein Lichtstrahl vom einen bis zum anderen Ende in 100 000 Jahren benötigen würde. In einer einzigen Sekunde schafft ein Lichtstrahl eine Strecke von etwa 300 000 Kilometern (siebeneinhalb Mal um die Erde herum).
Die Erde gehört ebenfalls zur Milchstraße. Sie befindet sich im äußeren Drittel der Scheibe.

M2 Die Planeten unseres Sonnensystems

Planeten

Die Erde ist einer von acht **Planeten**, die unsere Sonne in verschiedenen Abständen umlaufen. Alle Planeten werden von der Sonne angestrahlt. Zusammen mit der Sonne im Mittelpunkt bilden diese acht Planeten „unser“ Sonnensystem.
Die Planeten umwandern die Sonne auf unterschiedlich langen Bahnen. Für einen Umlauf benötigt beispielsweise die Erde rund 365 Tage. Der Planet Merkur, der der Sonne am nächsten ist, schafft es bereits in 88 Tagen. Der Neptun als äußerster Planet unseres Sonnensystems benötigt sogar beinahe 165 Jahre für einen Umlauf um die Sonne.
Willst du dir die Planeten in der richtigen Reihenfolge merken, kann dir folgender Merksatz helfen: „**M**ein **V**ater **er**klärt **m**ir **j**eden **S**onntag **u**nseren **N**achthimmel.“

Trabanten

Manche Planeten werden ebenfalls von Himmelskörpern umlaufen. Sie heißen **Trabanten**. Auch unsere Erde hat einen solchen Trabanten. Es ist der Mond. Er umkreist die Erde ungefähr in einer Zeit von 27 Tagen einmal vollständig.

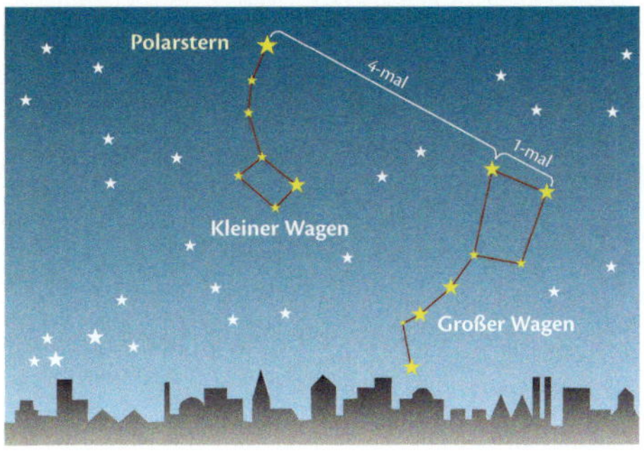

M3 Großer Wagen, kleiner Wagen und der Polarstern*

***Polarstern**
(auch: „Nordstern“), leuchtender Stern am Himmel, der sich über dem Nordpol befindet; mit seiner Hilfe können wir nachts bei wolkenlosem Himmel leicht die Himmelsrichtung Nord herausfinden

1 Beschreibe das Bild M1 (→ **Wir beschreiben Bilder** S. 20/21).

2 Fasse die Informationen über die Milchstraße in deinen Worten kurz zusammen (Text).

3 Finde heraus, wie die Milchstraße zu ihrem Namen kam und berichte darüber vor der Klasse.

4 Unterscheide: Planeten und Trabanten (Text).

5 Erläutere, wie der Merkspruch zur Reihenfolge der Planeten „funktioniert“ (Text, M2).

6 Denke dir einen neuen Merkspruch zur Reihenfolge der Planeten aus und stelle ihn deinen Mitschülerinnen/Mitschülern vor.

7 Erkläre die nützliche Funktion des Polarsterns für die Orientierung auf der Erde (M3).

Die Erde bewegt sich

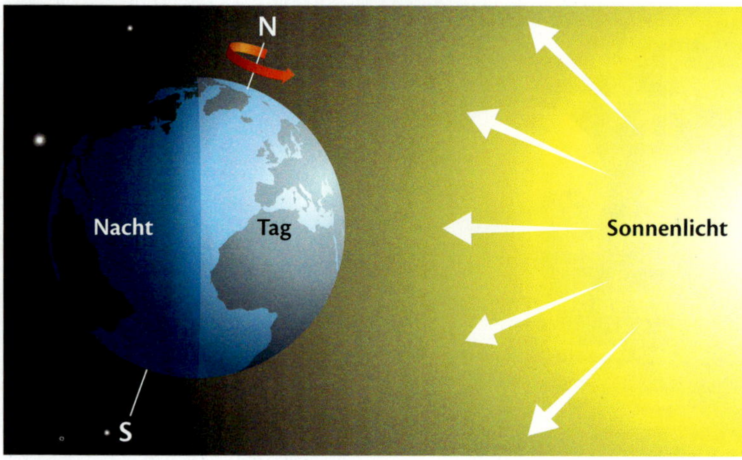

M 1 Tag und Nacht auf der Erde

Drehung der Erde

Die Erde dreht sich um ihre eigene Achse (eine gedachte Linie zwischen den beiden Polen). Das hast du schon bei den Informationen zum Globus erfahren. Diese Drehung der Erde um ihre eigene Achse wird auch als **Erdrotation** bezeichnet.
Die Erde dreht sich von West nach Ost innerhalb von 24 Stunden einmal vollständig. Aus dieser Zeit ergibt sich die Länge eines Tages.

Tag und Nacht

Wir können die Erdrotation jeden Tag beobachten. Im Osten sehen wir morgens, wie die Sonne am Horizont scheinbar „aufgeht". Abends sehen wir die Sonne im Westen wieder „untergehen".
Die Erde dreht sich infolge ihrer Kugelgestalt unterschiedlich schnell. Am Äquator beträgt die Umdrehungsgeschwindigkeit fast 1700 Kilometer pro Stunde. An den beiden Polen hingegen ist die Umdrehungsgeschwindigkeit deutlich geringer.
Nur eine Hälfte unseres Planeten wird immer von der Sonne beschienen, während auf der anderen Seite gerade Nacht ist. Die Uhrzeit hängt vom Sonnenstand ab. Gegen 12 Uhr mittags steht die Sonne am höchsten. Infolge der Drehung der Erde um ihre eigene Achse innerhalb von 24 Stunden „läuft" diese Mittagslinie einmal um den gesamten Globus.

Bewegung der Erde um die Sonne

Unsere Erde bewegt sich auf einer elliptischen* Bahn um die Sonne. Diese Bewegung nennt man **Erdrevolution**.

***elliptisch**
in Form einer Ellipse; eine Ellipse ist nicht rund wie ein Kreis, sondern sieht in etwa so aus, wie die Laufbahnen um einen Sportplatz

***intensiv**
stark, kräftig, durchdringend

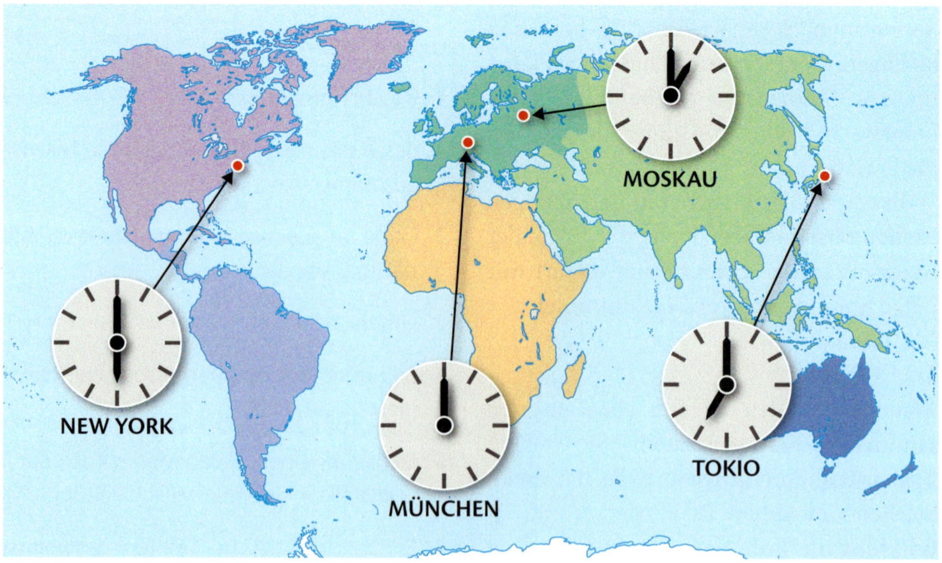

M 2 Wenn es in München 12 Uhr am Mittag ist …

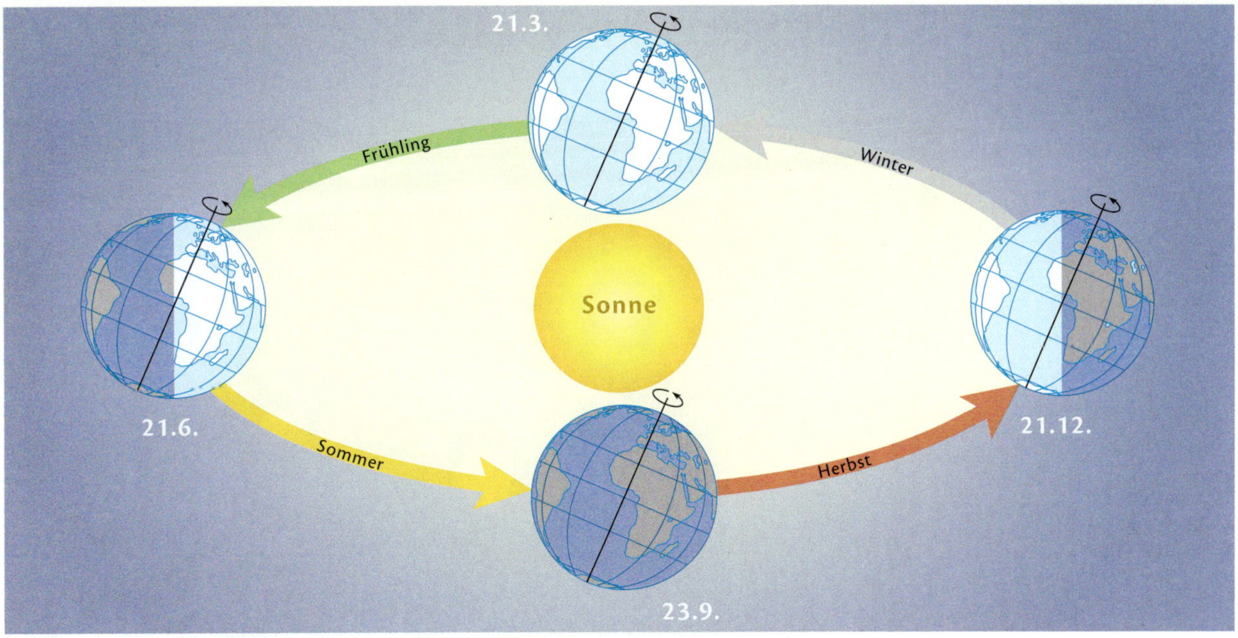

M3 Die Bewegung der Erde um die Sonne

Für einen Umlauf um die Sonne (gegen den Uhrzeigersinn) benötigt die Erde 365 Tage und fast sechs Stunden. Das entspricht ungefähr einer Jahreslänge. Um die „zusätzlichen" sechs Stunden auszugleichen, gibt es alle vier Jahre ein **Schaltjahr**. Ein Schaltjahr hat einen zusätzlichen Tag. Es ist der **Schalttag** am 29. Februar.

Jahreszeiten auf der Erde

Nicht nur die Dauer eines Jahres ist von der Erdrevolution abhängig, sondern auch die Jahreszeiten entstehen so.

Je nachdem wie intensiv* die Sonnenstrahlen auf die Erde treffen, wird die Nord- oder die Südhalbkugel mehr oder weniger erwärmt. Der im Laufe eines Jahres ungleiche Abstand der Erde zur Sonne hat keine Auswirkung auf die unterschiedliche Erwärmung.

Wenn auf der Nordhalbkugel Sommeranfang ist, ist der Nordpol der Sonne zugewandt. Die Tage sind dann auf der Nordhalbkugel lang. So hat die Sonne viel Zeit, die Erde zu erwärmen.

Zu Winterbeginn ist es genau umgekehrt: kurze Tage, wenig Sonnenlicht.

M4 An der deutschen Nordseeküste

1 Beschreibe die Drehung der Erde um ihre eigene Achse sowie die Auswirkungen dieser Bewegung (Text, M1 und M2).

2 Bestimme mit Begründung die Uhrzeiten in M2.

3 Beschreibe die Bewegung der Erde um die Sonne sowie die Auswirkungen dieser Bewegung (Text, M3).

4 M4: Erläutere, ob auf dem Foto die Sonne auf- oder untergeht.

5 Denke über die Folgen nach, die sich aus der weltweiten Zeitverschiebung ergeben. Verdeutliche deine Gedanken anhand eines Beispiels (Fußballweltmeisterschaft, Olympische Spiele usw.).

6 Ordne die Abbildung M1 in die Abbildung M3 ein: Welche Jahreszeit ist auf der Nordhalbkugel?

Schwerelos im Weltall

M1 Astronauten in der Schwerelosigkeit

Die ISS – ein höchst ungewöhnlicher Arbeitsplatz

Es gibt viele Arbeitsplätze in schwindelerregender Höhe. Ein Arbeitsraum schlägt alle bei Weitem: Die Astronauten auf der ISS (International Space Station) arbeiten 400 Kilometer über der Erde.

Im Weltall führen sie Experimente durch und erforschen die Schwerelosigkeit. Zudem sollen diese Versuche dazu dienen, die Möglichkeit einer Ansiedlung von Leben auf fremden Planeten zu untersuchen. Da sie nicht jeden Tag zu ihrem Arbeitsplatz pendeln können, leben und arbeiten die Männer und Frauen für mehrere Monate in der ISS.

Die Wissenschaftler/-innen kommen aus vielen verschiedenen Staaten der Erde. Sie arbeiten, forschen und leben gemeinsam im Weltall. Jeden Tag können sie unsere Erde von oben betrachten und sehen ihren Wohnort nur als einen kleinen Punkt mehrmals am Tag vorüberziehen.

M2 Gefährlicher Aufenthalt im Weltall

M3 Die ISS im Weltall

- Belgien
- Dänemark
- Deutschland
- Frankreich
- Italien
- Japan
- Kanada
- Niederlande
- Norwegen
- Russland
- Schweden
- Schweiz
- Spanien
- USA

M4 Beteiligte Staaten

Der Beginn der Raumstation

Seit 1998 wird an der Raumstation ISS gebaut. Die beteiligten Staaten haben unterschiedliche Teile (Module) der ISS auf der Erde gebaut und sie dann mit einem Spaceshuttle* oder mithilfe von Raketen in den Weltraum geschossen. Dort wurden sie anschließend zusammengesetzt.
Auch gegenwärtig fliegen noch oft Raketen zur ISS, um die Besatzungen abzulösen oder um Versorgungsgüter, Ersatzteile und neue Bauelemente zu liefern.
Der Bau und die Instandhaltung der ISS kosten mehrere Milliarden Euro. Trotzdem ist in der ISS-Station nicht viel mehr Platz, als in einem größeren Flugzeug.
An Energie jedenfalls mangelt es der Station nicht. Sie sammelt nämlich selbst mit ihren riesigen Solarschilden* Sonnenlicht. Man nutzt also die Sonnenenergie, um daraus elektrischen Strom herzustellen.

Umrundungen der Erde

Zu keinem Zeitpunkt steht die ISS still, sie rast mit einer Geschwindigkeit von 28 000 Stundenkilometern um unseren Planeten. In diesem Tempo braucht sie 93 Minuten, um einmal die Erde zu umrunden. Das schafft sie, obwohl sie ein Gewicht von mehr als 450 Tonnen auf die Waage bringt und keinen eigenen Antrieb besitzt.

Die vollständige Raumstation

Wenn die ISS fertig gebaut ist, wird sie ungefähr 100 Meter lang und 80 Meter breit sein – also fast so groß wie ein Fußballfeld. Schon jetzt kann man sie von der Erde aus sehen. Sie bewegt sich als rasend schneller kleiner Punkt über den Nachthimmel. Sie bewegt sich auf einer festen Umlaufbahn wie ein Satellit um die Erde.

***solar**
die Sonne betreffend

***Spaceshuttle**
(wörtlich: Pendelverkehrsmittel für den Weltraum) eine Raumfähre, die zur Erde zurückkehrt

1 Schildere die Eindrücke, die ein/-e Astronaut/-in bei ihrem/seinem mehrere Monate langen Aufenthalt auf der Raumstation sammeln könnte (M1 und M2).

2 Berichte über die Arbeit auf der Internationalen Raumstation (Text und M1). Beziehe auch die Überschrift der Doppelseite ein.

3 Erkläre, wie die ISS zusammengebaut wird (Text und M3).

4 Überlege, welche Schwierigkeiten beim Bau, bei der Versorgung und bei täglichen Arbeiten auf der ISS auftreten können. Stelle deine Gedanken vor der Klasse dar.

5 Erkläre, warum die Zusammenarbeit im Weltall wichtig für mehrere Staaten der Erde sein könnte.

Satelliten unterstützen uns auf der Erde

M 1 GPS-Antennen auf Autodächern

Abbiegen in zwei Kilometern …

Es ist mittlerweile üblich, sich mithilfe eines Navigationsgerätes seinen Weg beschreiben zu lassen. Im Auto spricht eine angenehme und deutliche Stimme mit der/dem Fahrer/-in. So können sie sich auf das Fahren konzentrieren und werden nicht durch eine Wegsuche abgelenkt. Unterstützt wird die Stimme durch einen kleinen Bildschirm, auf dem alles Wichtige schnell und gut zu sehen ist.

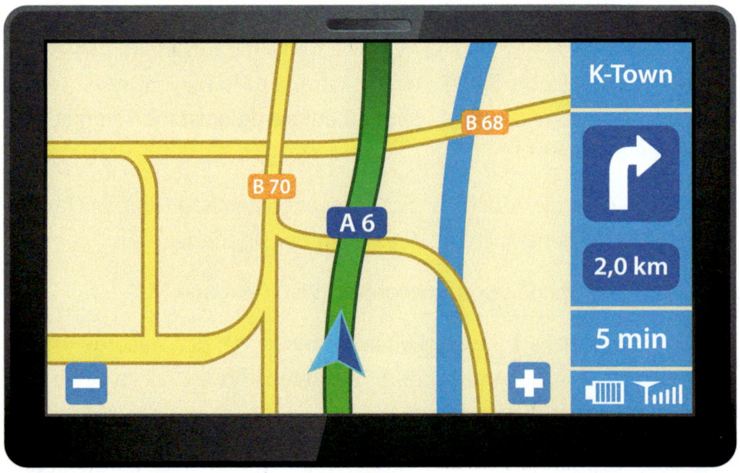

M 2 Bildschirm eines Navigationsgeräts

GPS

Bereits in den 1970er-Jahren entwickelte das US-amerikanische Verteidigungsministerium ein Navigationssystem für genaue Positionsbestimmungen. Seit Mai 2000 ist das System auch für andere, nicht militärische Nutzungen geeignet.

Das **G**lobal **P**ositioning **S**ystem – kurz: **GPS** – erlaubt eine Erfassung (Ortung) eines Objektes auf bis zu zehn Meter genau. Das ist für Autofahrer/-innen genau genug. In der Luftfahrt wird GPS jedoch wegen dieser Ungenauigkeit nur ergänzend und unterstützend eingesetzt.

Für das GPS-System umkreisen 24 Satelliten (siehe großes Foto S. 26/27) in einer Höhe von rund 20 000 Kilometern ununterbrochen die Erde. So besteht immer eine direkte Verbindung zu mindestens vier Satelliten zur selben Zeit. Um einen Punkt auf der Erde eindeutig zu bestimmen, sind jedoch nur drei Satelliten nötig. Im gemeinsamen Schnittpunkt ihrer drei kreisförmigen Erfassungsfelder befindet sich das „gesuchte“ Objekt.

M3 **Ortung per Satellit**

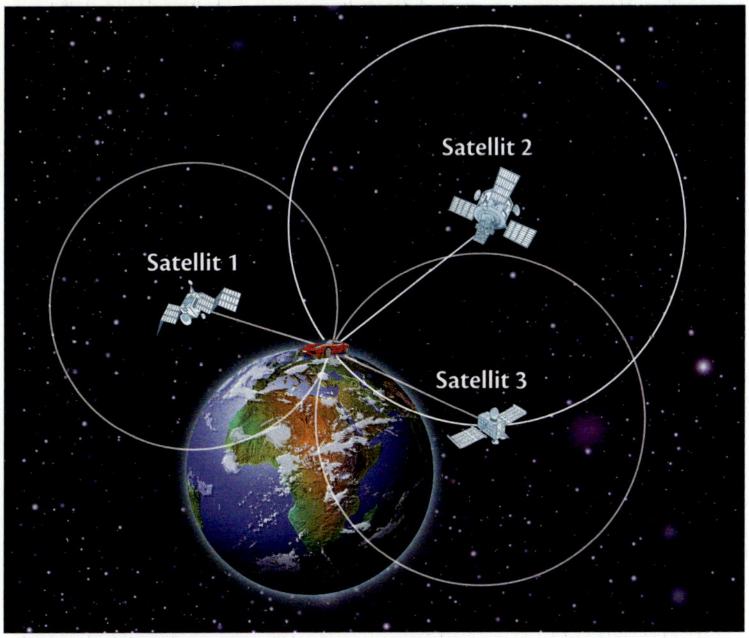

M4 **Drei für eins – Positionsbestimmung mithilfe von Satelliten**

Weltweite Satellitentechnik

Nicht nur Autofahrer/-innen erleichtert der Einsatz von Satellitentechnik den Alltag. Auch für Unternehmen, die mit Warentransporten zu tun haben, ist die Satellitentechnik hilfreich.

Beispielsweise kann die Position von Frachtschiffen mithilfe von Satellitentechnik festgestellt werden. Auf diese Weise lässt sich die Ankunft einer Ware ziemlich genau berechnen.

Auch für den Fernsehempfang können Satelliten genutzt werden. Die Sender strahlen ihre Programme auf einen Satellit. Der Satellit funkt die Signale zurück zur Erde. Wir empfangen die Signale mit schüsselartigen Antennen. So können wir zum Beispiel auch in Afrika deutsche Programme sehen.

Blick in die Zukunft

Europa arbeitet am Aufbau eines eigenen Satelliten-Navigationssystems, das noch genauer ist als GPS. Wenn es in Zukunft funktioniert, könnte von einem Auto aus auch ein automatisches Notsignal nach einem Unfall ausgesandt werden.

M5 **Satellitenantenne für Fernseher**

1 Erläutere die Funktion eines Navigationsgeräts (Text, M1 und M2).

2 Halte einen kurzen mündlichen Vortrag zum Thema „GPS" (Text).

3 Erkläre die genaue Positionsbestimmung eines Objekts auf der Erde mithilfe von drei Satelliten (Text, M4).

4 Sprich mit jemandem, der sein Fernsehprogramm per Satellit empfängt. Lass dir die Ausrichtung seiner Antenne erklären und berichte darüber vor der Klasse.

5 M3: Ein Frachtschiff im Indischen Ozean. Welche Angaben – außer der genauen Position des Schiffes – werden benötigt, um zu berechnen, wann die Ware beim Kunden sein könnte? Notiere Stichpunkte.

Harte Schale, heißer Kern

M1 Aufgeschnittener Pfirsich

M2 Der 83 Meter hohe Bohrturm in Windischeschenbach

Betrachten wir den Kern!

Einen Pfirsich können wir leicht aufschneiden, um herauszufinden, wie er im Inneren aussieht: Der harte Kern ist umgeben von weichem Fruchtfleisch. Die dünne äußere Schale des Pfirsichs ist wiederum fest. Aber wie könnten wir in das Innere der großen Erde schauen?

Die Kontinentale Tiefbohrung (KTB) Windischeschenbach

Im Jahr 1990 begannen Geowissenschaftler eine Tiefbohrung in Windischeschenbach (bei Weiden in der Oberpfalz).

Die Bohrung erreichte nach 1468 Bohrtagen eine Tiefe von 9100,1 Metern. Sie war (und ist weiterhin) damit weltweit die tiefste Bohrung in das Innere der Erde in hartem Gestein.

Die Temperaturen bei der Bohrung erreichten 300 Grad Celsius. Der Druck auf das Bohrgestänge entsprach dem von rund 30 000 Kleinwagen, die auf einem Quadratmeter übereinandergestapelt wären.

Die Temperaturen und der Druck waren im Oktober 1994 zu hoch für das Bohrmaterial, sodass man nicht weiter in die Tiefe vordringen konnte.

Viermal Hamburg–München und zurück …

Wollte man ein Loch bis zum Mittelpunkt der Erde bohren, müsste man ein unvorstellbar großes Gestänge benutzen. Die Strecke entspricht nämlich ungefähr der zwischen Hamburg und München – viermal hin und zurück. So tief wird niemand bohren können.

Im Mittelpunkt der Erde beträgt die Temperatur 6000 Grad Celsius. Das würde kein Bohrgestänge der Erde aushalten können. Denn bei derartig hohen Temperaturen wird selbst Eisen flüssig.

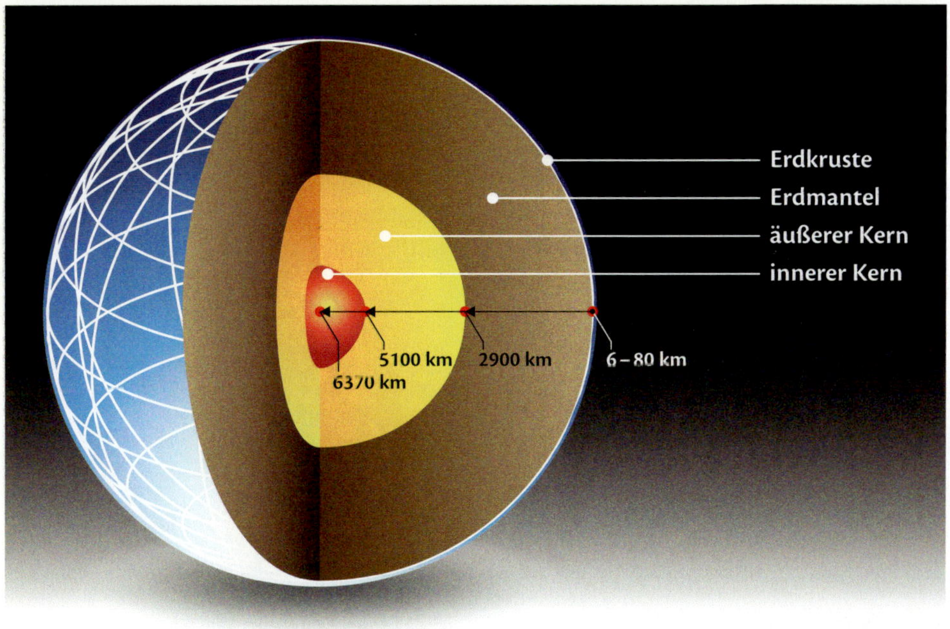

M3 Der Schalenbau der Erde

Von der Kruste bis zum Kern

Die Erdkugel besteht – ähnlich einer Zwiebel – aus mehreren Schichten bzw. Schalen. Mit einer Dicke von „nur" rund 35 Kilometern bildet die **Erdkruste** die äußerste Schale. Weiter in Richtung Mittelpunkt folgen der Erdmantel und ein äußerer Kern. Im Zentrum der Erde befindet sich der innere Kern.

Je tiefer die Erdschicht, desto höher die Temperatur

Die höheren Temperaturen in den tieferen Schichten der Erde spüren beispielsweise auch Bergarbeiter. Südafrikanische Goldminen erreichen Tiefen von rund 4000 Metern. Die Temperaturen hier liegen bei 60 Grad Celsius und bedeuten Arbeit unter härtesten Bedingungen.

Der Mensch macht sich Erdwärme auch zunutze. Wo Erdwärme nahe an die Oberfläche reicht, werden manchenorts Wasserrohre verlegt. Die Erdwärme erhitzt das Wasser. Das erhitzte Wasser wird in das Gebäude geleitet und kühlt ab. Das abgekühlte Wasser wird wiederum durch die wärmere Erdschicht geführt – und zurück.

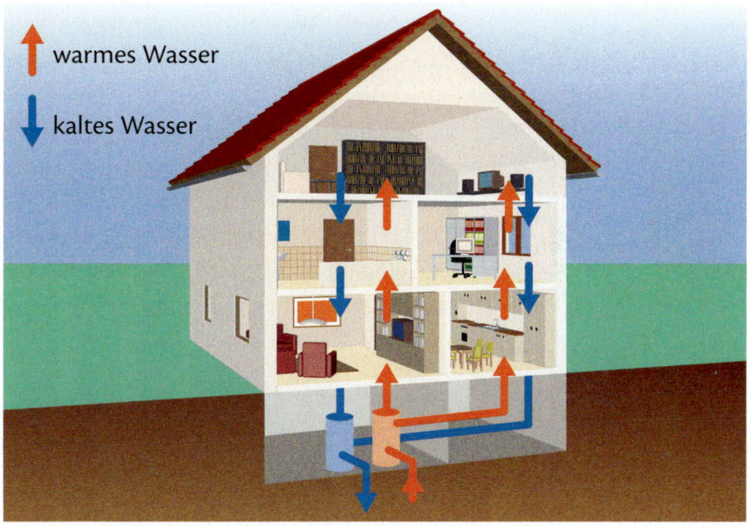

M4 Nutzung von Erdwärme zur Beheizung eines Gebäudes

1 Berichte über die KTB (Text, M2) und zeige Windischeschenbach auf einer Karte im Atlas.

2 Beschreibe den Schalenbau der Erde (Text, M1 und M3).

3 Erläutere mithilfe des Textes und anhand von M3 den Anstieg der Temperaturen in den tieferen Schalen der Erde.

4 Vergleiche M1 mit M3. Bewerte die Möglichkeit, den Schalenbau der Erde mithilfe eines Pfirsichs zu erklären.

5 Erkläre die Nutzung der Erdwärme zur Beheizung eines Gebäudes (M4).

Die Geschichte der Erde

M 1 T. Rex und Mensch im Größenvergleich

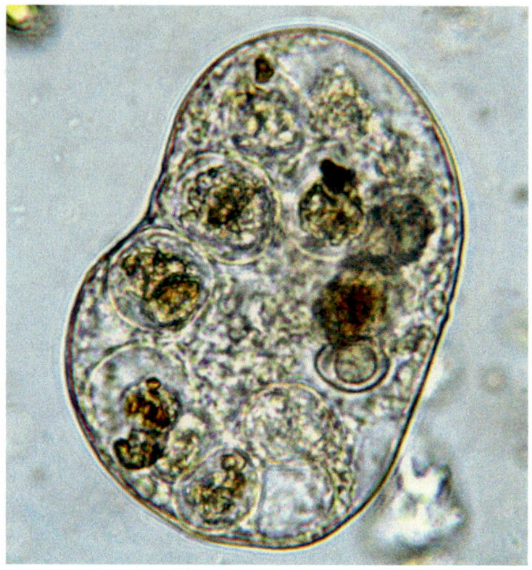

M 2 Erstes Leben im Wasser

Wir leben seit zehn Sekunden

Vor ungefähr **fünf Milliarden Jahren** entstand die Erde. Damit wir uns diesen äußerst langen Zeitraum besser vorstellen können, rechnet man diesen Zeitraum am besten in Uhrzeiten um.

Das geht kurz gesagt so: Um Mitternacht entstand die Erde. Erst 23 Stunden, 59 Minuten und 50 Sekunden später erscheint der erste Mensch auf der Erde.

***Amphibien**
Lebewesen, die sowohl im Wasser als auch an Land leben können

***Dinosaurier**
(aus der griechischen Sprache: gewaltige/ schreckliche Eidechsen) große Tiere, die inzwischen ausgestorben sind

00:00:00	Die Erde entsteht.
15:00:00	erstes Leben im Wasser
20:00:00	erste Algen im Wasser
23:00:00	Korallen und Tintenfische
23:15:00	Wälder entstanden, versanken im Moor und wurden zu Kohle.
23:30:00	Saurier, Urvogel und erste Säugetiere
23:53:00	erste Menschenaffen
23:59:50	erste Menschen

M 3 Die Lebensuhr der Erde

Die Entstehung der Erde

Ebenso schwer zu erfassen wie die zeitliche Dauer ist die Frage, wie die Erde entstand. Naturwissenschaftler beschreiben den „Ursprung der Erde" als eine Wolke aus Gas und Staub. Erst allmählich verfestigten sich die Bestandteile dieser Wolke. Der Planet Erde entstand und auf ihm entwickelten sich erste Lebensformen.

Vom Einzeller zum T. Rex

Es wird vermutet, dass erste Lebensformen auf der Erde in einem großen Ur-Ozean entstanden. Kleinste Lebewesen, die man als **Einzeller** bezeichnet, stellen den Anfang eines Jahrmillionen andauernden Entwicklungsweges dar. Es entwickeln sich nach und nach Fische, Amphibien* und an Land lebende Tiere.

Vor ungefähr 235 Millionen Jahren bis vor 65 Millionen Jahren lebten Dinosaurier* auf der Erde. Der Tyrannosaurus Rex (wörtlich: *königliche Eidechse*) – abgekürzt „T. Rex" – gehört zu ihren bekanntesten Vertretern.

Es war ein fleischfressendes Tier mit einer Länge von bis zu mehr als zwölf und einer Größe von rund vier Metern.

M4 Die Geschichte der Erde im Überblick

Vom Erdaltertum zur Erdneuzeit

Das **Erdaltertum** (auch: **Erdaltzeit**) ist das älteste der drei Erdzeitalter. Danach folgten das **Erdmittelalter** und die **Erdneuzeit**. Bei einer Betrachtung des Wortes „Erdneuzeit“ sollte man jedoch bedenken, dass die Erdneuzeit bis zu 65 Millionen Jahre in die Vergangenheit zurückreicht. Der Wortbestandteil „neu“ hat hier also eine andere Bedeutung als in unserer Alltagssprache.

Menschliches Leben auf der Erde gibt es erst seit vergleichsweise kurzer Zeit. Vor etwa zwei Millionen Jahren lebten hier sogenannte **Urmenschen**.

Mithilfe von Knochenfunden aus unterschiedlich weit zurückliegenden Zeiten erläutern Naturwissenschaftler die Entstehung des „modernen Menschen“.

M5 Die Entwicklung der Menschheit als Comiczeichnung

1 Erläutere, wie die Entwicklung des Lebens auf der Erde mithilfe einer Uhr leichter verständlich wird (Text, M3).

2 Fasse die Entstehung des Lebens auf der Erde mit deinen Worten mündlich zusammen (Text, M2, M4 und M5).

3 Beschreibe die Geschichte der Erde im Überblick (Text, M4).

4 Tauscht untereinander euer Wissen über den Tyrannosaurus Rex aus.

Die Erde – der „Blaue Planet"

M 1 **Die Erde – aus dem Weltraum betrachtet**

M 2 **Blick ins Himmelsblau**

Der „Blaue Planet"

Wenn ein Astronaut aus dem Weltall auf die Erde schaut, erscheint sie ihm hauptsächlich in blauer Farbe. Das ist eine Folge der sogenannten „Lichtbrechung" in den Meeren. Wegen dieser Lichtbrechung sehen wir von der Erde aus auch den Himmel in blauer Farbe.

Die Weltmeere sind eine wichtige Lebensquelle der Erde. Einerseits gibt es in den Ozeanen selbst zahlreiche Lebewesen. Andererseits verdunsten aus den Ozeanen alljährlich nahezu unvorstellbare Wassermengen. Aus dem Wasserdampf bilden sich Wolken. Aus den Wolken wird Niederschlag. Er versickert, verdunstet wiederum oder gelangt über die Flüsse zurück in die Meere. Der Kreislauf des Wassers auf der Erde beginnt so von Neuem.

Die Atmosphäre der Erde

Die gasförmige „Hülle" der Erde wird als „Erdatmosphäre" bezeichnet. Die Erdatmosphäre reicht bis rund 100 Kilometer Höhe ins Weltall.

Die unterste Schicht der Atmosphäre ist die **Troposphäre**. An den beiden Polen der Erde ist sie rund sieben, am Äquator etwa 15 Kilometer hoch.

Die Troposphäre ist die Wetterschicht der Erde. In der Troposphäre befinden sich die Wolken.

M3 **Der Aufbau der Erdatmosphäre**

Schützende Ozon-Schicht

Ungefähr in 15 bis 25 Kilometern Höhe umgibt die Erde eine schützende Schicht. Sie wird aus einem Gas gebildet, das **Ozon** heißt. Der gefährliche Anteil des Sonnenlichts wird durch die Ozon-Schicht gefiltert. Das ultraviolette* Sonnenlicht führt zu Sonnenbränden. Gäbe es keine Ozon-Schicht, wäre es kaum möglich, Sonnenbrände zu vermeiden.

Perfekte „Betriebstemperatur"

Die Erde hat eine günstige Position in unserem Sonnensystem. Einerseits bekommt die Erde noch genug wärmende Sonnenstrahlen ab. Andererseits kommt die Erde der Sonne nicht zu nah, sodass es auf der Erde zu heiß würde.

Infolge der Atmosphäre, die die Erde umgibt, bleibt die Sonnenwärme erhalten. So

M4 **Der Wasserkreislauf auf der Erde**

ergibt sich auf der Erde eine mittlere Temperatur von 15 Grad Celsius. Ohne die schützende Atmosphäre wäre es auf der Erde nur minus 18 Grad Celsius „warm".

Globale Klimaerwärmung

In den letzten Jahrzehnten stieg die mittlere Temperatur auf der Erde an. Dieser Temperaturanstieg wird als „globale Klimaerwärmung" bezeichnet. Infolge der globalen Klimaerwärmung schmilzt das Eis an Nord- und Südpol sowie in den Hochgebirgen (Gletscher). Das wiederum führt unter anderem zu einem Anstieg des weltweiten Meeresspiegels.

***ultraviolett**
für das menschliche Auge nicht sichtbare Strahlung

1 Stell dir vor, du wärest Astronaut/-in. Beschreibe deinen Blick auf den Blauen Planeten (M1).

2 Berichte über den Aufbau der Erdatmosphäre (Text, M3). Gehe dabei auch auf die Ozonschicht ein.

3 Erläutere den Wasserkreislauf der Erde (Text, M4).

4 Erkläre den Begriff „globale Klimaerwärmung" (Text).

Das kann ich …

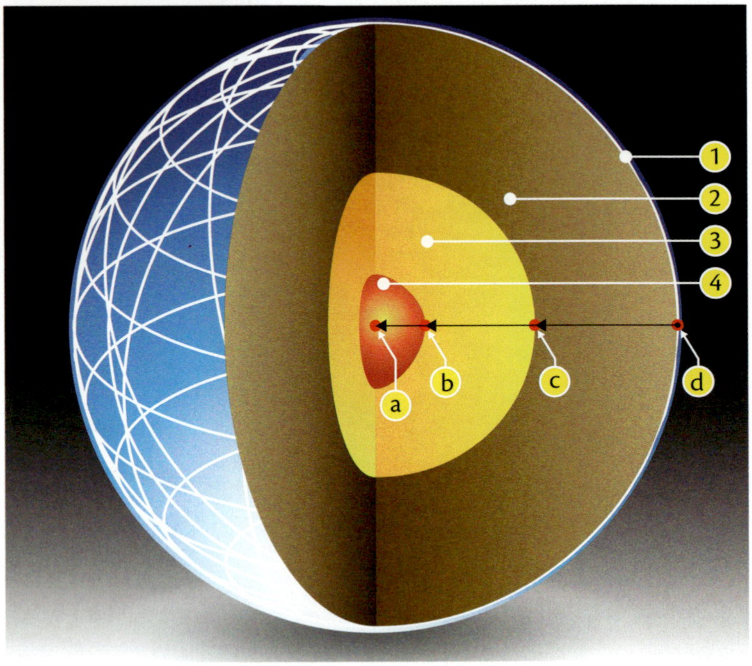

M 1 Der Schalenbau der Erde

- ✓ Lichtjahr
- ✓ Planet
- ✓ Trabant
- ✓ Milchstraße
- ✓ Erdrotation
- ✓ Erdrevolution
- ✓ Schaltjahr
- ✓ Satellit
- ✓ GPS
- ✓ Schalenbau der Erde
- ✓ Geschichte der Erde
- ✓ Atmosphäre
- ✓ Blauer Planet
- ✓ Wasserkreislauf

M 2 Wichtige Begriffe aus dem Kapitel 2

M 3 Die Planeten unseres Sonnensystems

M 4 Die ISS im Weltall

M5 Ein Tyrannosaurus Rex im Film

M8 Die Atmosphäre

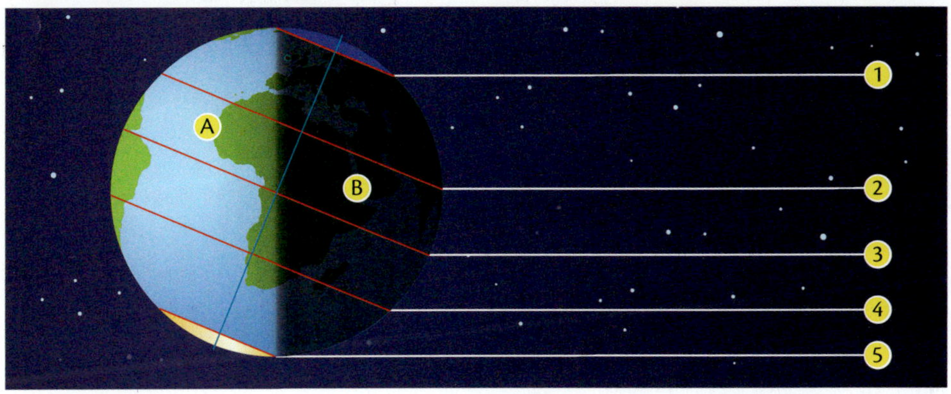

M6 Die Erde am …

M7 22.18 Uhr in Moskau

1 Nenne die korrekten Angaben (1 bis 4 = Bezeichnungen und a bis d = Strecken) in M1.

2 Gib die Bedeutung der wichtigen Begriffe dieses Kapitels wieder (M2).

3 Erläutere M3 und benenne die Zahlenkreise mit den richtigen Namen.

4 Zeige M4 in M8: Wo befindet sich die ISS?

5 M5: Wie sieht die Landschaft in einem Dino-Film aus?

6 Ordne den Buchstaben und Zahlen in M6 Begriffe zu.

7 Erkläre, welcher Tag (bzw. welche Jahreszeit) bei der Materialunterschrift M6 eingetragen werden müsste.

8 M7: Wenn es in Moskau 22.18 Uhr ist, ist es in a) Tokio, b) New York und c) in München wie spät?

3 Gestalt und Gliederung der Erde

Kontinente und Ozeane – darum geht es auf der nächsten Doppelseite des Kapitels. Ihr werdet auch noch mitgenommen auf Entdeckungsreisen. Sie führen euch auf verschiedene Erdteile. Dabei könntet ihr auch diesem Mann begegnen, dem ihr hier in die Augen schaut.

Bei den Entdeckungsreisen wird es einmal heiß, einmal eiskalt, es wird „wie aus Eimern regnen" und ihr erhaltet eine Einladung zu einer ganz besonderen Bergtour – ziemlich weit weg von Bayern.

Es wird sogar eine kleine Zeitreise an Bord der Santa Maria unternommen – die mehr als fünfhundert Jahre in die Geschichte zurücksegeln lässt. Willkommen an Bord von Kapitel 3!

Kontinente und Ozeane

M1 Der Leuchtturm am Kap Agulhas

Kontinente	Fläche (Mio. km^2)
Asien	44,7
Afrika	30,3
Nordamerika	24,2
Südamerika	17,8
Antarktika*	13,2
Europa	9,8
Australien/Ozeanien	8,9
Ozean	
Pazifischer Ozean	181,3
Atlantischer Ozean	106,2
Indischer Ozean	74,1

M4 Daten zu den Kontinenten und Ozeanen

***Antarktika**
Name des südlichsten Kontinents der Erde

Die Kontinente

Auf der Erde gibt es sieben bzw. sechs **Erdteile**, die auch **Kontinente** genannt werden. Da Amerika aus Nordamerika und Südamerika besteht, wird dieser Erdteil auch als **Doppelkontinent** bezeichnet.
Die Grenze zwischen Nord- und Südamerika ist zugleich die Grenze zwischen den Staaten Panama und Kolumbien.

Der Wasserplanet

Die Erdoberfläche wird zu fast drei Vierteln von drei Ozeanen (Weltmeeren) bedeckt: Pazifischer Ozean (Pazifik), Atlantischer Ozean (Atlantik) und Indischer Ozean (Indik). Deswegen könnte man die Erde als einen „Wasserplanet" bezeichnen. Die Ozeane bestehen aus Salzwasser.

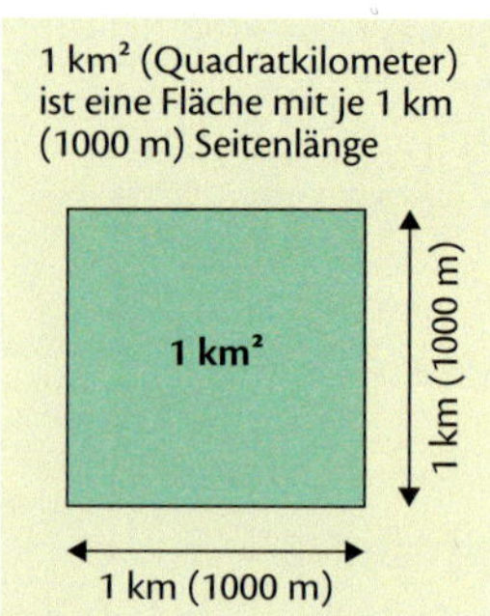

M2 Ein Quadratkilometer

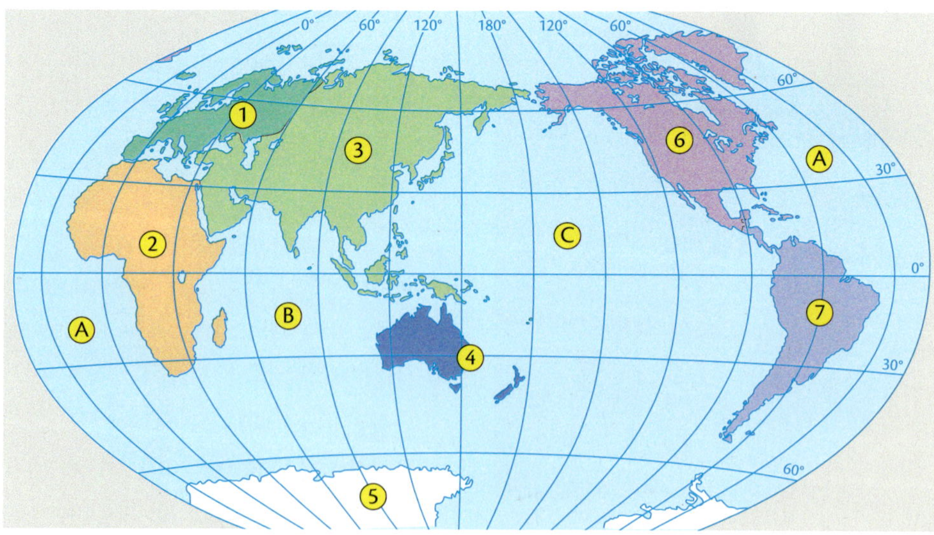

M3 Die Erde aus pazifischer Sicht

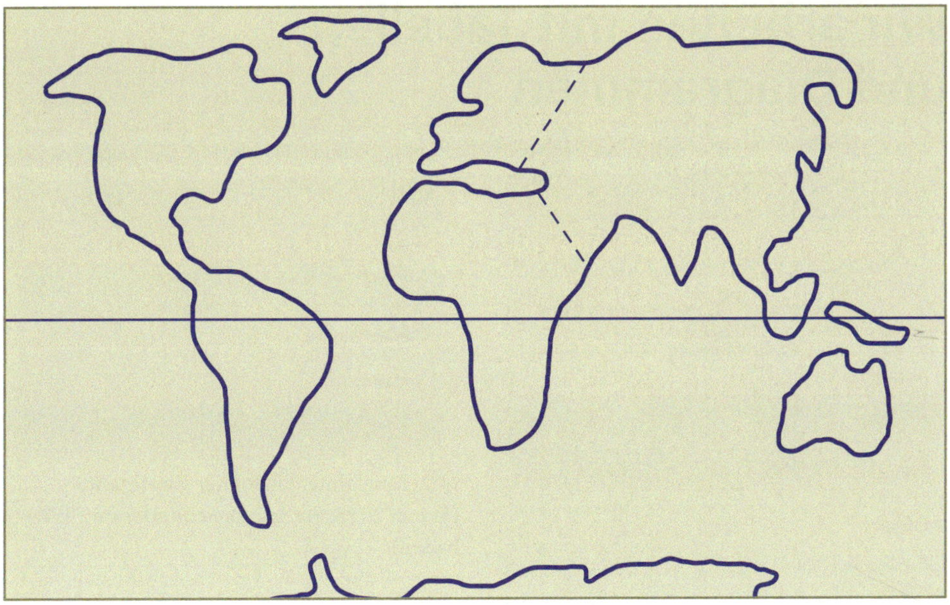

M5 Skizze einer eurozentrischen* Weltkarte

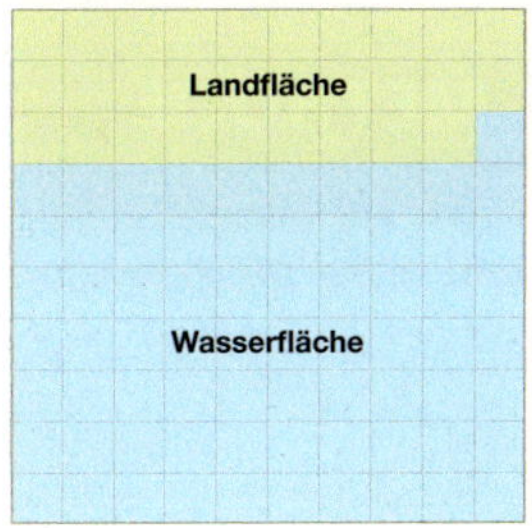

M7 Land- und Wasserflächen der Erde im Vergleich

***eurozentrisch**
Europa befindet sich im Mittelpunkt

Ozeane und Nebenmeere

Zu den drei Ozeanen gehören noch jeweils zahlreiche Mittelmeere, Randmeere und Binnenmeere.

Beim Atlantischen Ozean ist beispielsweise die Nordsee ein Randmeer und die Ostsee ein Binnenmeer. Binnenmeere sind solche Nebenmeere, die durch eine Meerenge (Meeresstraße) mit dem Ozean verbunden sind. Dabei ist an der Meerenge das gegenüberliegende Ufer mit dem bloßen Auge zu erkennen.

Europa – nicht der Mittelpunkt der Erde

Europäer sind es gewohnt, dass auf Weltkarten Europa im Mittelpunkt steht. Da die Erde eine Kugel ist, befindet sich jedoch keiner der Kontinente „im Mittelpunkt der Erde".

In anderen Erdteilen ist die Darstellung von Weltkarten entsprechend anders. So sehen beispielsweise australische Schülerinnen und Schüler in ihren Atlanten ihren Kontinent auf der Mittelachse.

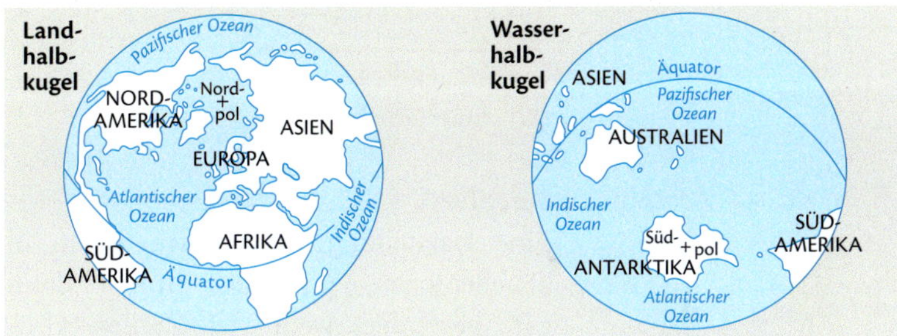

M6 Land- und Wasserhalbkugel der Erde

1 Finde heraus, wo der Leuchtturm auf dem Bild M1 steht (Atlas). Welche Angaben kannst du zu diesem Ort machen?

2 Fasse mündlich zusammen, warum die Erde als ein „Wasserplanet" oder „Blauer Planet" bezeichnet werden kann (Text, M3 bis M7).

3 Benenne die drei Ozeane (A bis C) und die sieben Kontinente (1 bis 7) in M3. Ordne dabei die Kontinente der Größe nach. Beginne mit dem kleinsten.

4 Skizziere eine Weltkarte aus amerikanischer Sicht. Die Abbildungen M3 und M5 und/oder ein Globus könnte(n) dir hierfür eine Hilfe sein.

5 Stelle die Situationen in M6 mit einem Globus nach.

6 Zeichne eine Verteilung der Land- und Wasserflächen der Erde wie in M7 nach. Lege dazu zunächst ein viereckiges Raster von zehn mal zehn gleich großen Quadraten an. Unterteile danach genauer mit den Namen der Kontinente und Ozeane. Beziehe M4 ein.

METHODE

Wir arbeiten mit Tabellen und Diagrammen

Kontinente	Fläche (Mio. km²)
Asien	44,7
Afrika	30,3
Nordamerika	24,2
Südamerika	17,8
Antarktika	13,2
Europa	9,8
Australien/Ozeanien	8,9
Ozean	
Pazifischer Ozean	181,3
Atlantischer Ozean	106,2
Indischer Ozean	74,1

Zeilen ↕ Spalten ↔

M1 **Eine Tabelle**

Tabellen

Eine Darstellung von Informationen in Tabellenform eignet sich immer dann ganz besonders, wenn viele Zahlen (Größen) übersichtlich auf kleinstem Raum präsentiert werden sollen.

Eine Tabelle wird gegliedert in **Spalten** und **Zeilen**. Von oben nach unten (senkrecht) verlaufen die Spalten. Von links nach rechts (waagerecht) verlaufen – wie in einem Buch – die Zeilen.

Der **Kopf** der Tabelle informiert darüber, was dargestellt ist. Der Tabellenkopf enthält somit das **Thema** einer Tabelle wie auch eine Angabe zu den Zahlenwerten oder Eigenschaften der Elemente.

Ordnung muss sein

Eine Tabelle sollte so angelegt sein, dass sie eine nachvollziehbare Anordnung aufweist. Das kann beispielsweise eine Auflistung nach absteigender Größe (oder nach dem Alphabet oder der geographischen Lage) sein.

Kontinente	Einwohner (Mio.)
Asien	4397
Afrika	1171
Europa	742
Südamerika	630
Nordamerika	357
Australien/Ozeanien	40

M2 **Einwohnerzahlen der Kontinente (Stand: 2015; Statistisches Bundesamt, Wiesbaden)**

Stand der Dinge

Wenn in einer Tabelle Zahlenwerte (Größen) genannt werden, sollte auch eine Angabe dazu erfolgen, **aus welchem Jahr** die Daten stammen. Ebenso gehört eine Information zur Tabelle, **woher** die Daten stammen (Datenquelle). Diese Angaben können in der Materialunterschrift vermerkt werden oder in kleiner Schrift direkt in der Tabelle.

- ✔ Wir stellen fest, welches Thema die Tabelle darstellt. Darüber informieren uns die Materialunterschrift und der Tabellenkopf.
- ✔ Wir entnehmen der Tabelle, wie sie geordnet (sortiert) wurde (z. B. nach der Größe).
- ✔ Wir fassen den Inhalt der Tabelle mündlich zusammen. Dabei gehen wir sparsam mit der Sprache um. Wir beginnen die Zusammenfassung mit allgemeinen bzw. vergleichenden Aussagen. Beispiel: „Asien ist der größte und Australien/Ozeanien der kleinste Kontinent der Erde."

M3 **Checkliste zur Tabelle**

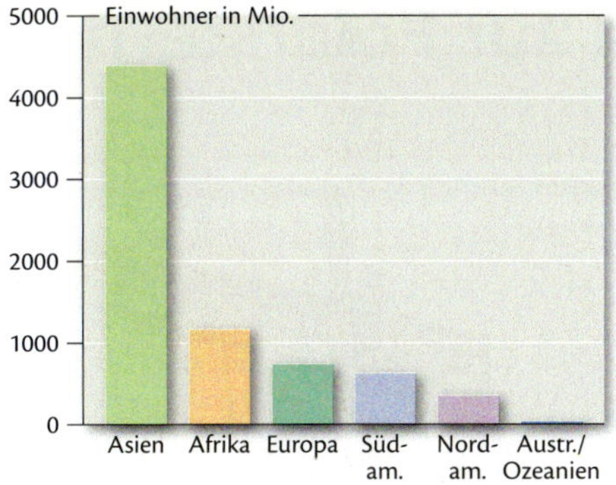

M4 **Säulendiagramm: Einwohnerzahlen der Kontinente (Stand: 2015; Statistisches Bundesamt, Wiesbaden)**

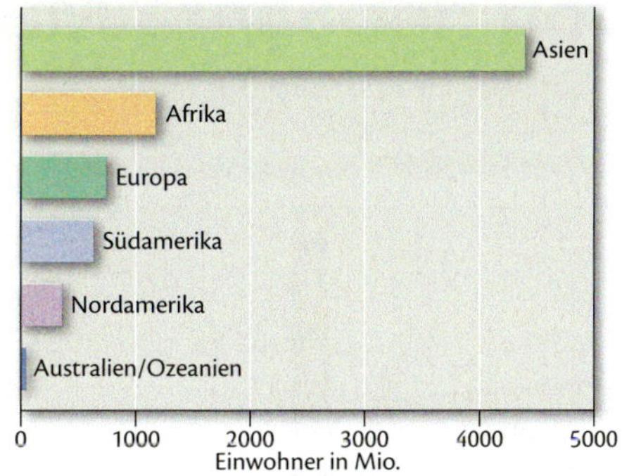

M5 **Balkendiagramm: Einwohnerzahlen der Kontinente (Stand: 2015; Statistisches Bundesamt, Wiesbaden)**

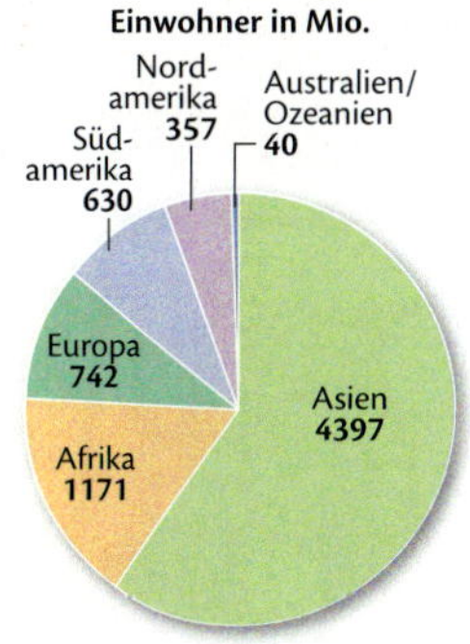

M6 **Kreisdiagramm: Einwohnerzahlen der Kontinente (Stand: 2015; Statistisches Bundesamt, Wiesbaden)**

Diagramme

Eine Darstellung von Informationen in Form von Diagrammen eignet sich immer dann ganz besonders, wenn dafür ausreichend Raum vorhanden ist.

Diagramme sind zeichnerische (grafische) Darstellungen von Zahlenwerten. Solche Darstellungen erlauben es der/dem Betrachter/-in, Informationen schnell aufzunehmen. Sie/er erkennt Sachverhalte sozusagen „auf den ersten Blick".

Insbesondere **Vergleiche** von einzelnen Informationen lassen sich in der Diagrammform gut verwirklichen. Eine Menge die doppelt so groß ist wie eine andere, ist in ausgeschriebener Form als Zahlenwert nicht so schnell zu „erfassen".

Säulen und Balken

Bei der Darstellung in Form von Säulen und Balken zeigt ein Diagramm seine Stärke. Durch den Maßstab des Diagramms sind die Größen/Werte direkt vergleichbar.

Kreise und Torten

Kreisdiagramme und Tortendiagramme sind nicht so leicht zu zeichnen. Sie veranschaulichen aber ebenso gut Zahlenwerte.

- ✔ Wir stellen fest, welches Thema das Diagramm darstellt. Darüber informieren uns die Materialunterschrift und/oder Angaben in (an) der Grafik.
- ✔ Wir entnehmen dem Diagramm, wie es geordnet (sortiert) wurde (z. B. nach der Größe).
- ✔ Wir fassen den Inhalt des Diagramms mündlich zusammen. Dabei gehen wir sparsam mit der Sprache um. Wir beginnen die Zusammenfassung mit allgemeinen bzw. vergleichenden Aussagen. Beispiel: „Asien ist der größte und Australien/Ozeanien der kleinste Kontinent der Erde."

M8 **Checkliste zu Diagrammen**

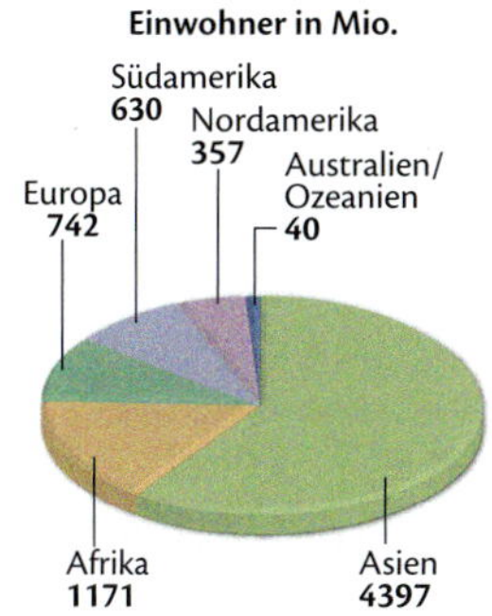

M7 **Tortendiagramm: Einwohnerzahlen der Kontinente (Stand: 2015; Statistisches Bundesamt, Wiesbaden)**

1 Erläutert den Aufbau der Tabelle M2 mithilfe der Checkliste M3.

2 Vergleicht die Tabelle M1 mit der Tabelle M2 und nennt Unterschiede sowie Gemeinsamkeiten.

3 Erklärt die Begriffe „Säulendiagramm", „Balkendiagramm", „Kreisdiagramm" und „Tortendiagramm" (Text, M4 bis M7).

4 Wertet die Diagramme M4 bis M7 mithilfe der Checkliste M8 aus.

Von der Santa Maria zur Polarstern

M1 **Schnitt durch das Segelschiff „Santa Maria", das Schiff des Christoph Kolumbus**

① Admiralskajüte
② Steuerruder
③ Kompass
④ Luke zum Schiffsladeraum
⑤ Entwässerungspumpe
⑥ Hebevorrichtung für Anker und Segel
⑦ Waffen- und Munitionskammer
⑧ Essensvorräte
⑨ Wasservorrat
⑩ Lagerraum/Weinfässer
⑪ Abstellkammer für Segel, Lagerraum für Taue
⑫ Steine als Ballast

M2 **Zuordnungen zu M1**

Die Entdeckung Amerikas

Christoph **Kolumbus** entdeckte am 12. Oktober 1492 Amerika. Seine Reise begann er zusammen mit zwei anderen Segelschiffen am 3. August in der südwestspanischen Stadt Palos de la Frontera am Ufer des Atlantischen Ozeans.
Seine Mannschaft und er waren also mehr als zwei Monate unterwegs.

M3 **Modell der „Santa Maria"**

Vorstellung(en) von der Welt

Der Italiener **Toscanelli** hatte sich mit der Gestalt der Erde beschäftigt und auf der Grundlage seines damals verfügbaren Wissens eine Weltkarte entwickelt.
Dass die Erde keine Scheibe, sondern eine Kugel ist, wusste man schon seit Jahrhunderten. Wie groß aber dieser „Erdball" ist, war noch nicht bekannt.
Toscanelli war sozusagen Wegbereiter von Christoph Kolumbus. Ausgestattet mit seiner Weltkarte und den seinerzeit üblichen technischen Hilfsmitteln orientierte sich Kolumbus im wesentlichen an den Gestirnen und am Meereshorizont.

Die Segel sind gesetzt …

Während heute das Ziel der Entdeckungsfahrt von Kolumbus in wenigen Flugstunden und recht bequem für die Reisenden erreicht werden könnte, war es zu seiner Zeit ein echtes Abenteuer.
Kolumbus wusste nicht einmal, dass er einen neuen Kontinent entdeckt hatte. Vielmehr glaubte er, dass er auf dem westlichen Seeweg Indien erreicht hätte. Deswegen nannte er die Menschen, die sie bei Landgang antrafen, „Indianer".

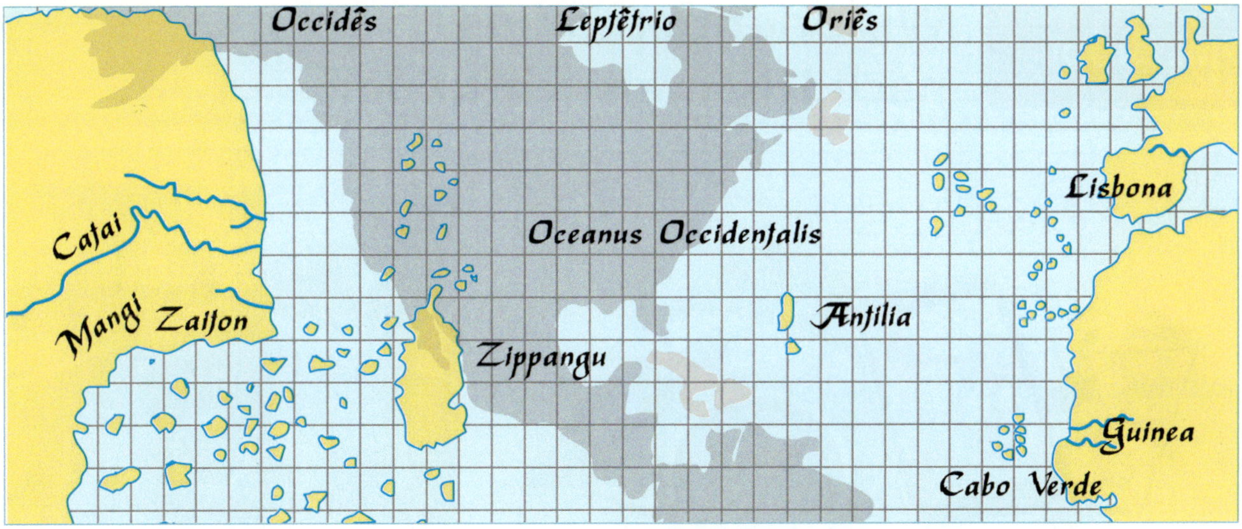

M4 **Die Weltkarte von Toscanelli um 1470 (die Umrisse Amerikas (grau) wurden nachträglich eingezeichnet)**

Ein modernes Forschungsschiff

Die **Polarstern** begann am 9. Dezember 1982 ihren Dienst und ist seither fast pausenlos unterwegs (durchschnittlich 310 Tage im Jahr). Eigentümer des 118 Meter langen Schiffs (etwa so lang wie ein Fußballfeld) ist das Bundesministerium für Bildung und Forschung.

Neue Kontinente gibt es heute nicht mehr zu entdecken. Dennoch gibt es für das deutsche Forschungsschiff Polarstern immer wieder neue Aufgaben, denen die rund 50 Wissenschaftler/-innen an Bord nachgehen.

Die Polarstern kann bis zu 75 Tage unterwegs sein. Zum Schiff gehört eine Mannschaft (Crew), die mehr als 40 Personen umfasst. Mit der Polarstern werden Forschungsfahrten in die Regionen des Nord- und des Südpols unternommen.

Forschungsfragen

Zu den aktuellen Forschungsfragen gehört beispielsweise das Thema „Meereis". Das arktische Eis reagiert auf die seit Jahren ansteigende Temperatur der Erde: Eisflächen werden zunächst dünner und können sich auch auflösen. Diese Entwicklung hat Auswirkungen auf die Meeresbiologie.

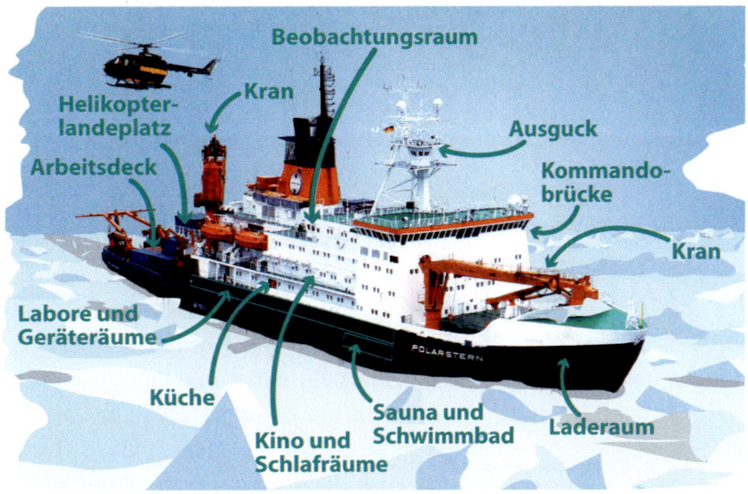

M5 **Das Forschungsschiff Polarstern**

1. Beschreibe den Schnitt durch die Santa Maria (M1) und erkläre die Einzelheiten an Bord (M2).
2. Betrachte M1, M2 und M3. Nimm Stellung zur Frage, ob es viel Raum an Bord der Santa Maria gab.
3. Erläutere die „Kenntnis von der Erde" zur Zeit des Christoph Kolumbus (Text, M4).
4. Halte einen kurzen mündlichen Bericht über die Polarstern (Text, M5).
5. 75 Tage an Bord … auf der Santa Maria und auf der Polarstern. Schildere so eindrucksvoll, als wärest du auf beiden Schiffen zu ihren „aktiven" Zeiten unterwegs. Welche Gedanken kämen dir und deinen Begleitern wohl auf hoher See in den Sinn?

Wir orientieren uns nach Himmelsrichtungen

M 1 Karte, Kompass, Smartphone – Hilfe bei der Orientierung

M 3 Smartphone mit Kompass-App

Atlas und Karten

Insbesondere wer in einer fremden Stadt unterwegs ist, muss sich zurechtfinden können, um sich nicht zu verirren. Dabei helfen **Karten** und **Kompass**. Aber auch ein guter „Orientierungssinn" hat schon manchen davor bewahrt, vom rechten Wege abzukommen. Heute nutzen Touristen auch Navigationsgeräte sowie Smartphones, um den eigenen Standort schnell und sicher bestimmen zu können.

Orientierung

Der Kompass ist ein nützlicher Begleiter auf unbekanntem Gelände. Mit seiner Hilfe lassen sich Himmelsrichtungen feststellen und die eigene gezielte Fortbewegung steuern.

Auf einem Kompass ist auch eine **Windrose** abgebildet. Neben den vier „Haupthimmelsrichtungen" sind weitere Unterteilungen dargestellt. Manchmal steht ein „E" (engl.: East) für „Ost" auf einem Kompass.

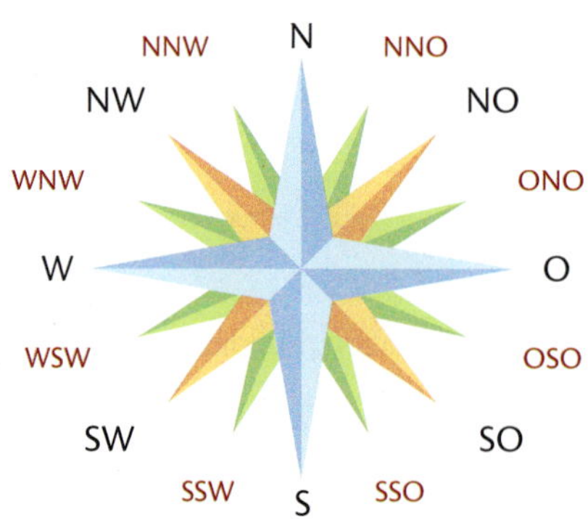

M 2 Die Windrose

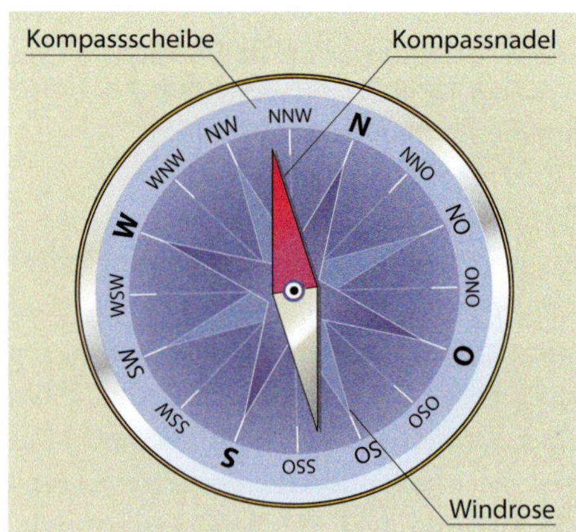

M 4 Ein Kompass

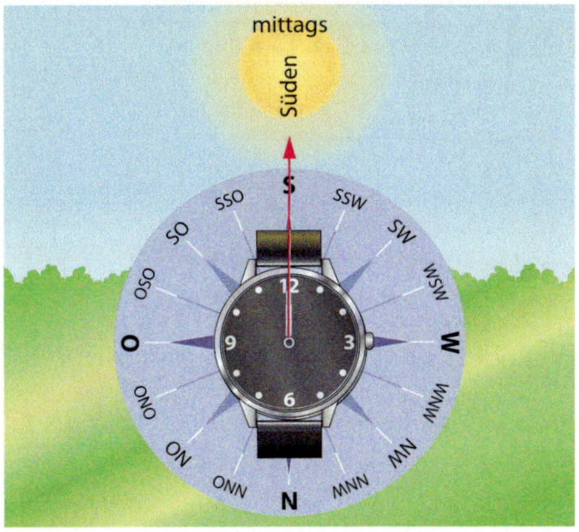

M5 12 Uhr mittags: Süden

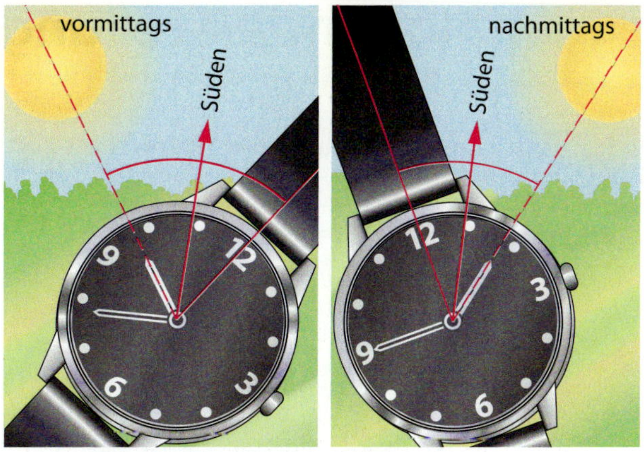

M6 Orientierung mit der Armbanduhr

Die Kompassnadel

Der rote Teil einer Kompassnadel weist immer nach Norden. Damit der Kompass korrekt ausgerichtet ist, muss die Windrose am Kompass so lange unter der roten Nadelspitze gedreht werden, bis sie auf „N“ zeigt.

Orientierung nach dem Stand der Sonne

Die Himmelrichtungen lassen sich auch mit einer Zeigeruhr feststellen. Dabei entscheidend ist, dass die Sonne um zwölf Uhr im Süden steht (Achtung: bei Sommerzeit um 13 Uhr!). Wenn der Stundenzeiger um 12 Uhr auf die Sonne ausgerichtet wird, ist im Rücken der/des Betrachterin/Betrachters Nord.

Um 18 Uhr (Sommerzeit: 19 Uhr) steht die Sonne im Westen. Wird dann der Stundenzeiger auf die Sonne ausgerichtet, ist Süd „auf 3“ auf dem Ziffernblatt. Süd entspricht immer der Mitte zwischen 12 Uhr und der aktuellen Stunde.

Ganz so genau wie ein Kompass ist die Orientierung nach dem Stand der Sonne allerdings nicht. Denn an allen Orten in Deutschland gilt dieselbe Zeit. Infolge der Erddrehung weicht der tatsächliche Mittagsstand der Sonne (Höchststand) zwischen der westlichen und östlichen Staatsgrenze jedoch um etwa eine halbe Stunde voneinander ab.

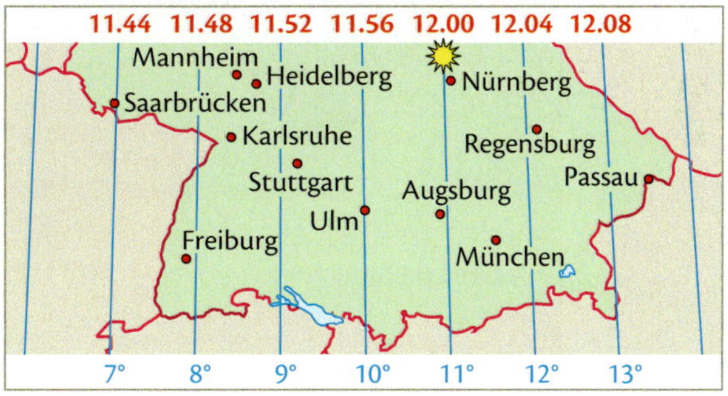

M7 „Wahre“ Ortszeit in Deutschland

- ✔ Wir stellen mit einem Kompass, anhand des Sonnenstandes und/oder mithilfe einer Karte die Nordrichtung fest.
- ✔ Wir ordnen ein Objekt bzw. unser Ziel, das wir erreichen wollen, im System der Himmelsrichtungen ein.
- ✔ Wir verfolgen den Weg, indem wir ständig auf die Himmelsrichtungen achten.

M8 Checkliste für Himmelsrichtungen und Kompass

1 Beschreibt die Funktion eines Kompasses (Text, M1 bis M4).

2 Erläutert die Orientierung mithilfe einer Uhr (Text, M5 bis M7).

3 Erklärt die „wahre Ortszeit“ (Text, M7).

4 Stellt auf der Karte M1 fest, wo sich das Hospital in Bezug auf die Kugelschreiberspitze befindet. Verwendet bei euren Angaben die Himmelsrichtung und die Entfernung.

Höhendarstellungen in Karten

M 1 Oberflächenformen und ihre Farben in physischen Karten

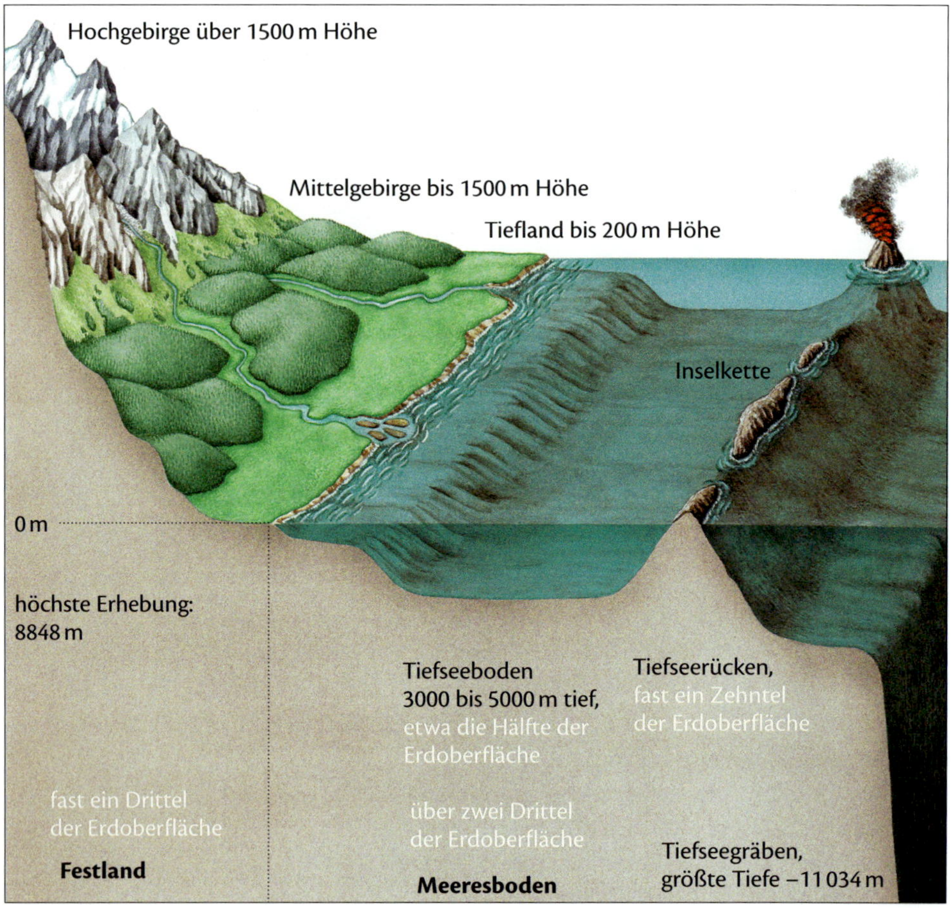

M 2 Gliederung der Erdoberfläche nach der Höhe (Blockbild)

***überhöht**
der Maßstab für die Darstellung der Strecke und die Darstellung der Höhe stimmen nicht überein; die Höhe wird sozusagen „überbetont", damit man sie besser erkennen (und zeichnen) kann

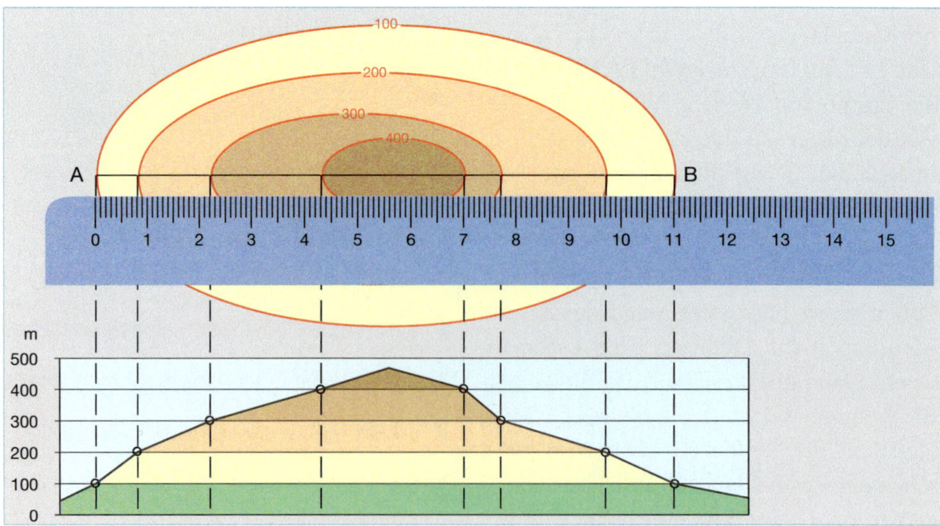

M 3 Das Zeichnen eines Profiles nach Höhenlinien – der Berg ist hier überhöht*

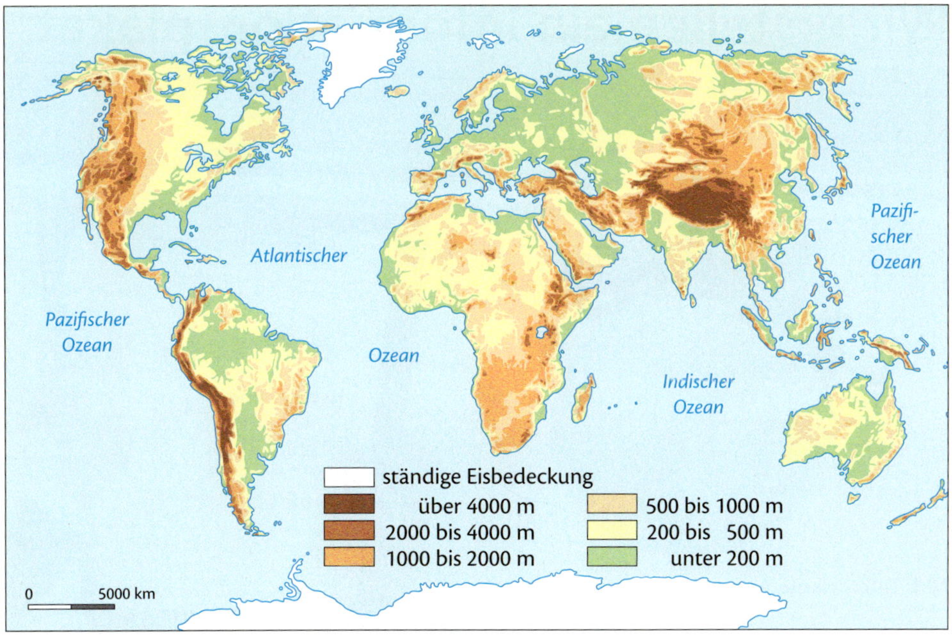

M4 **Die Höhenschichten der Kontinente (physische Weltkarte)**

M6 **Der Große Arber (1455,5 m über NN)**

Die Höhendarstellung

Die Höhengabe zu einem Berg kann in zweierlei Hinsicht erfolgen: **absolute** Höhe und **relative** Höhe. Die relative Höhe bezeichnet den Unterschied zu seiner direkten Umgebung (zwischen ihm und dem ihn umgebenden flachen Gelände). Die absolute Höhe bezieht sich auf den Abstand zwischen dem Berggipfel und dem Meeresspiegel.

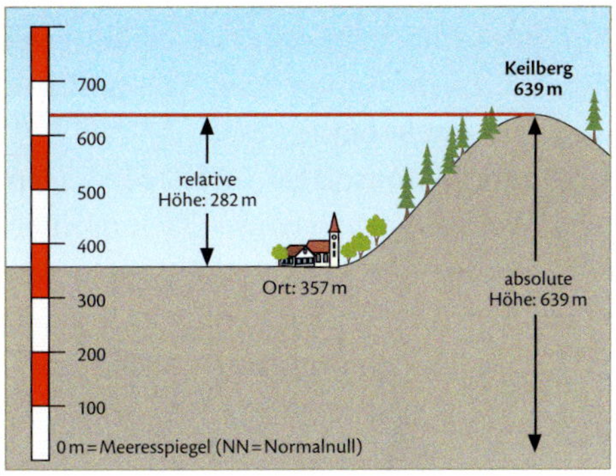

M5 **Absolute und relative Höhe**

Tiefland, Mittel- und Hochgebirge

Die Erdoberfläche wird von den Geographen in drei Bereiche untergliedert: das **Tiefland** (0 bis 200 Meter), das **Mittelgebirge** (200 bis 1500 Meter) und das **Hochgebirge** (mit einer Höhe von mehr als 1500 Metern).

Der mittlere Meeresspiegel ist eine gedachte Linie, die den Wert „null Meter" darstellt. Er wird auch als „Normalnull" (kurz: NN) bezeichnet. Bei Höhenangaben ist deshalb oft der Zusatz „über NN" zu lesen. Manchmal findet man auch die Bezeichnung „ü. d. M." für „über dem Meeresspiegel".

1 Erläutere die Gliederung der Erdoberfläche nach der Höhe (M2).

2 Beschreibe die geographische Lage der höchsten Gebirge (mehr als 4000 m) auf der Erde (M4).

3 Vergleiche die Darstellung der Erde auf einem Globus mit der Abbildung M4. Was ist ähnlich, was ist anders?

4 Zeige den Großen Arber (M6) auf der physischen Karte vorn im Buchdeckel und beschreibe seine geographische Lage.

5 Halte einen kurzen mündlichen Vortrag darüber, wie ein Profil nach Höhenlinien gezeichnet wird (M3).

6 Erkläre mit deinen Worten die Begriffe „absolute Höhe" und „relative Höhe". Beziehe dabei den Text, M5 und M6 ein.

METHODE

Wir erstellen ein Informationsplakat

M 1 Interessante Aufmachung …

Information + Plakat = Informationsplakat

Ein gutes Informationsplakat erfüllt zwei Zwecke: Es informiert über Wesentliches und es ist gut lesbar.

Das Informationsplakat „lebt" sozusagen vom Weglassen. Je weniger Kleinigkeiten ein Informationsplakat enthält, desto weniger muss die/der Betrachter/-in ansehen und lesen. Das wirkt weniger ermüdend!

M 2 Gewichtsvergleich – 925 Kilogramm

M 3 Größenvergleich

M 4 Grundregeln für ein Informationsplakat

Kurz und knackig

Das Informationsplakat dient oft als Ergänzung eines mündlichen Vortrags (z. B. Referat). Nicht selten hängen mehrere Informationsplakate nebeneinander, die alle beachtet und betrachtet werden wollen.

Nützlich für ein Informationsplakat sind gute Abbildungen, Grafiken und Kartenskizzen.

Es hilft den meisten Betrachtern, wenn sie mit etwas vergleichen können, das sie schon kennen. Statt beispielsweise „925 Kilogramm" als Zahlengröße zu nennen, könnte man besser formulieren „ungefähr so schwer wie ein Kleinwagen".

Gut lesbar

Mit Schrift sollte bei der Erstellung eines Informationsplakats sparsam umgegangen werden. Wenn das Informationsplakat Text enthält, helfen kurze Überschriften und eine ausreichende Schriftgröße.

Die Schrift sollte gut lesbar sein. In der Regel sind Druckbuchstaben besser als eine verschnörkelte Schreibschrift.

M5 **Viele Köpfe, viele Ideen … – ein Wettbewerb der Informationsplakate**

- ✔ Wir entwerfen das Aussehen des Informationsplakats: welche Abbildungen, welche Überschriften, welcher Text?
- ✔ Wir setzen den Entwurf um und arbeiten das Informationsplakat sauber aus.
- ✔ Wir prüfen die Lesbarkeit aus einem größeren Abstand zum Informationsplakat.

M6 **Checkliste für Informationsplakate**

1 Besorgt euch möglichst helles/weißes Papier, das für die Erstellung eines Informationsplakats gut geeignet ist (z. B. Tapetenrollen).

2 Beschafft Lineale, Bleistifte, Radiergummis, große Filzstifte, Scheren und Klebstoff.

3 Teilt untereinander und in Gruppen (zu viert) Themen auf, zu denen Informationsplakate erstellt werden sollen.

4 Entwerft in eurer Gruppe das Informationsplakat zunächst als grobe Bleistiftskizze auf einem DIN-A-4-Blatt.

5 Fertigt euer Informationsplakat in Reinzeichnung an.

Leben auf Grönland

M 1 Ein Inuk (Plural: Inuit)

M 2 Iglu (in früherer Zeit Behausung der Inuit)

M 4 Auf Schlittenhundfahrt im grönländischen Winter

Grönland – größte Insel der Erde

Grönland ist die größte Insel der Erde. Auf einer Fläche von mehr als zwei Millionen Quadratkilometern leben aber nur rund 56 000 Menschen. Lediglich ein Fünftel der Insel ist eisfrei.

Der nördlichste Ort Grönlands heißt „Thule“ (oder: „Qaanaaq“). Hier leben nicht einmal 700 Menschen.

Nuuk ist die Hauptstadt und mit beinahe 17 000 Einwohnern zugleich der größte Ort Grönlands.

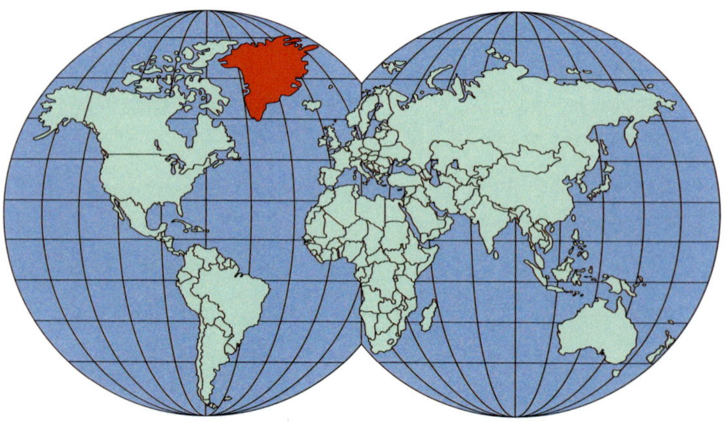

M 3 Die geographische Lage Grönlands

Ganz schön kalt …

Im Sommer wird es an den wärmsten Orten in Grönland kaum 15 Grad Celsius warm. Im Winter kann die Temperatur schnell auf minus 25 Grad Celsius sinken.

Wenig Landwirtschaft

Die klimatischen Bedingungen Grönlands lassen Landwirtschaft nur in einem äußerst bescheidenen Maße zu. Lediglich im Süden der Insel wird ein wenig angebaut. Hier wird auch in einem eher kleinen Umfang Schafhaltung betrieben.

Was die Grönländer essen und trinken wollen, müssen sie auf die Insel transportieren, die politisch zu Dänemark gehört.

Fischerei und Tourismus

Die Fischerei spielt für Grönland eine äußerst wichtige Rolle. Sie ist so ertragreich, dass ein großer Teil der gefangenen Fische verkauft wird.

Zunehmend verdient Grönland auch durch Tourismus Geld. Urlaub auf Grönland bleibt aber etwas Besonderes.

M5 Ein Sommertag in Nuuk

M7 Eisbohrung

M6 Gewusst wie – Eisfischen

M8 Grönländischer Stockfisch – durch Austrocknen haltbar gemacht

Eskimo oder Inuit?

Die ursprünglichen Bewohner/-innen Grönlands wurden früher als „Eskimo“ bezeichnet. Heute nennt man sie „Inuit“. Sie ernährten sich hauptsächlich mit Fisch (Eisfischen), den sie wie Wäsche zum Trocknen aufhingen. Der getrocknete Fisch ist lange Zeit haltbar.

1 Beschreibe die geographische Lage Grönlands (M3, → **Wir beschreiben die Lage eines Ortes**, S. 16/17).

2 Vergleiche die frühere Zeit Grönlands mit der heutigen Zeit (M1 und M2, M5 bis M8). Was hat sich verändert, was ist gleich geblieben?

3 Werte M5 aus (→ **Wir beschreiben Bilder** S. 20/21). Was ist bei der Bildbeschreibung ganz besonders hervorzuheben?

4 Erläutere die Besonderheit von Stockfisch (Text, M8).

5 Erkläre die Begriffe „Eskimo“ und „Inuit“ (Text, M1 und M2).

6 Bewerte Vorteile und Nachteile des Lebens auf Grönland aus deiner Sicht.

Leben in den Wüsten

M 1 Unterwegs in der Sahara

M 2 Bewohner der Sahara

M 3 Oase in der Sahara

M 4 Moderne Fahrzeuge in der Sahara

Die Sahara – die größte Wüste der Erde

Die **Sahara** ist die größte **Trockenwüste** der Erde. Mit ihren rund neun Millionen Quadratkilometern ist sie sogar größer als Australien.

Anders als viele vermuten, besteht die Sahara größtenteils aus Stein, Fels, Kies und Geröll.

Lediglich ein Fünftel der Sahara ist mit Sand bedeckt.

Prägend für die Sahara ist ihre Trockenheit. In großen Bereichen fällt nur in Abständen von Jahren etwas Niederschlag.

In der Sahara kann es tagsüber bis zu 60 Grad Celsius heiß werden. Nachts sind vereinzelt aber auch Minustemperaturen und sogar Bodenfrost möglich.

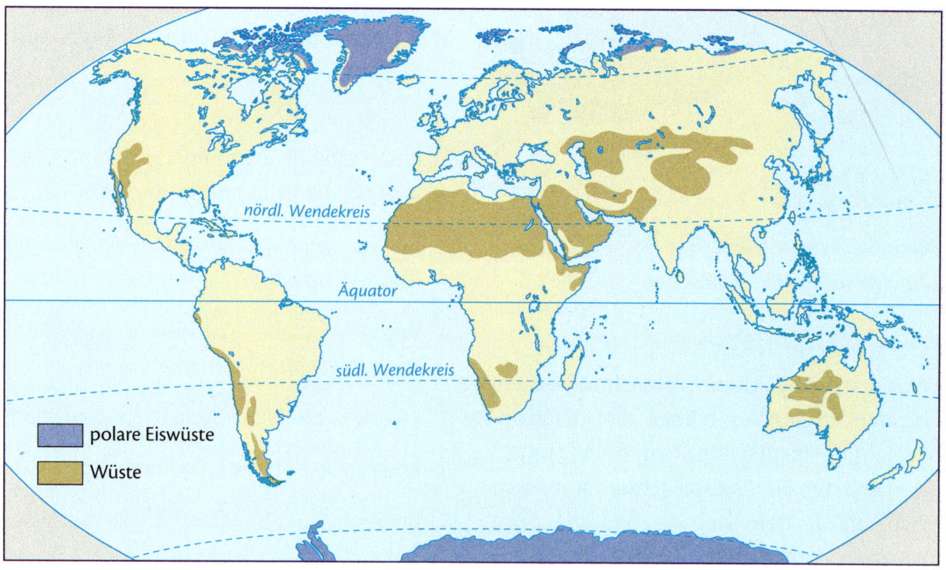

M 5 Die großen Wüsten der Erde

„Wüste" – das bedeutet nicht unbedingt „heiß"

Alltagssprachlich wird das Wort „Wüste" häufig mit Hitze in Verbindung gebracht. Wüsten gibt es allerdings sowohl in trockenen Regionen der Erde als auch in solchen, wo enorm viel Wasser vorhanden ist. Die polaren Eiswüsten sind weder trocken noch heiß. Wüsten sind größere Teilräume der Erde. Hier gibt es nur wenige Pflanzen (z. B. wenn es vorübergehend regnet oder wärmer wird).

Die Atacama – eine der trockensten Wüste der Erde

Die Atacamawüste ist eine der trockensten Wüste der Erde. An manchen Orten dort ist seit Jahrzehnten kein Niederschlag gefallen. Wenn es jedoch einmal regnet, explodiert die Natur geradezu. In kurzer Zeit breitet sich ein farbenfroher Pflanzenteppich aus, der allerdings sehr vergänglich ist.

Leben – in einer Wüste?

Wüsten sind lebensfeindlich. Dennoch wurden Wüsten schon seit Jahrhunderten besiedelt. Es gibt auch Pflanzen und Tiere in großen Wüstenbereichen. Allerdings müssen sie an die extremen Herausforderungen dieses Naturraums angepasst sein. In den Trockenwüsten ist die Verfügbarkeit von Trinkwasser eine Voraussetzung für Leben.

Oasen sind gleichsam grüne Inseln in einer Trockenwüste. Wasser kommt dort in der Tiefe (Grundwasseroase), als Quelle (Quellwasseroase) oder in Form eines Flusses (Flusswasseroase) vor.

Eine typische Oasenpflanze ist die Dattelpalme. Sie erreicht mit ihren Wurzeln auch tief gelegenes Grundwasser und kann die große Hitze der Trockenwüste ertragen. Die Datteln sind die Früchte dieser Palme. Sie sind zuckerreich und infolge ihres hohen Zuckeranteils gut haltbar.

M6 **In der Atacamawüste – ein seltenes Foto...**

M7 **In der Antarktis – auch ein „Wüstenfoto"**

1 Beschreibe die geographische Lage der Sahara und der Atacamawüste (M5, → **Wir beschreiben die Lage eines Ortes**, S. 16/17).

2 Erkläre mit deinen Worten den Begriff „Trockenwüste".

3 Vergleiche M1 und M4 miteinander und erläutere die beiden Transportarten.

4 Ordne das Foto M7 in die Karte M5 ein.

5 Berichte über das Leben in einer Oase (Text, M3).

6 Vermute, warum der Saharabewohner (M2) vor einem Zelt sitzt.

7 Erläutere mithilfe des Textes, warum M6 ein seltenes Foto ist.

8 Beantworte, mit Begründung, die Frage, ob eine Wüste „lebensfeindlich" ist.

Leben im tropischen Regenwald

M 1 Brettwurzeln

M 2 Baumriese im tropischen Morgendunst

M 4 An einer Lichtung im tropischen Regenwald

Die Tropen

Der Bereich zwischen dem nördlichen Wendekreis und dem südlichen Wendekreis wird **Tropen** genannt.
Hier erreicht besonders viel Sonnenenergie die Erde. Es ist die wärmste Zone der Erde. In den Tropen fallen zugleich die meisten Niederschläge der Erde.

Der tropische Regenwald

Der tropische Regenwald erstreckt sich wie ein Gürtel um den Äquator. Hier leben nur wenige Menschen, aber umso mehr Tiere.
Auch die **Vielfalt** der Pflanzen lässt sich mit kaum einer anderen Region der Erde vergleichen.

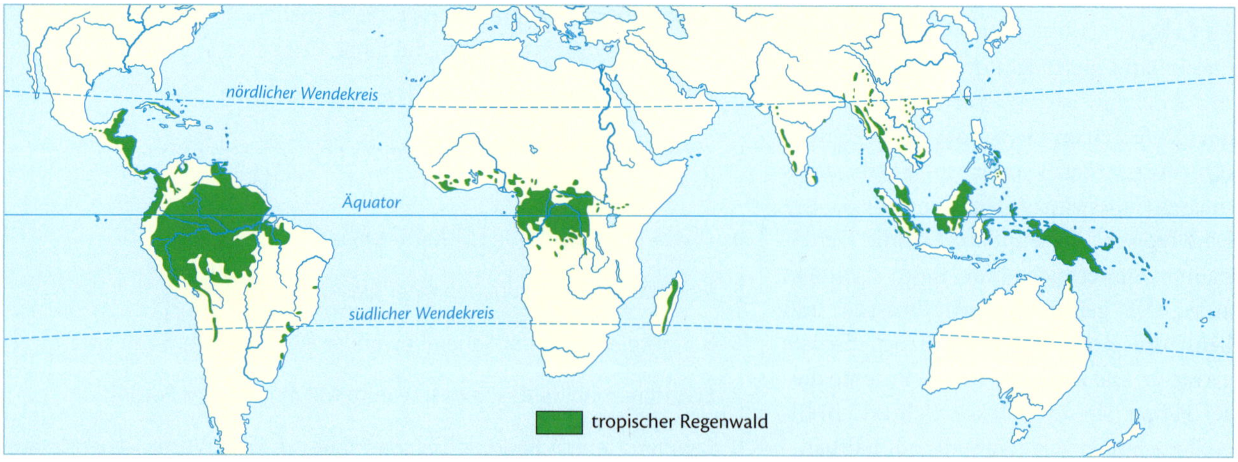

M 3 Weltweite Verbreitung des tropischen Regenwaldes

M5 Im Inneren des tropischen Regenwaldes

M6 Aufsitzerpflanzen

M7 Tropischer Frosch

M8 Tucan

Prima Klima

Die klimatischen Bedingungen im tropischen Regenwald sind für Pflanzen und Tiere günstig. Das ganze Jahr über erreichen die Tagestemperaturen Werte um 25 Grad Celsius und mehr. Nachts kühlt es sich kaum ab.
In den tropischen Regenwäldern fällt rund fünfmal so viel **Niederschlag** wie bei uns. Finge man den gesamten Regen eines Jahres auf, ergäbe sich eine Wassersäule mit mehr als vier Metern Höhe.

Riesige Bäume und Baumriesen

Das **Blätterdach** des tropischen Regenwaldes befindet sich in einer Höhe von ungefähr vierzig Metern. Vereinzelt ragen aus diesem ohnehin hohen Baumkronendach **Baumriesen** mit einer Höhe von bis zu 60 Metern heraus.
Da die Bodenschicht im tropischen Regenwald nur dünn und hart ist, können die tonnenschweren Bäume keine tiefen Wurzeln treiben.
Damit sie nicht umstürzen, haben die großen Bäume des tropischen Regenwaldes ständerartige **Brettwurzeln** entwickelt.

Licht und Schatten

Je weiter man sich von einer Baumkrone nach unten bewegt, desto dunkler wird es. Das dichte Blätterwerk lässt nur wenige **Sonnenstrahlen** bis auf den Boden durchdringen.

Leben in den Bäumen

Die meisten Pflanzen und Tiere leben in den Bäumen. So genannte **Aufsitzerpflanzen** hängen in den Bäumen, ohne selbst Wurzeln in den Boden treiben zu müssen. Auch manche tropischen Frösche leben nicht am Boden, sondern in den höheren Baumschichten.

1 Beschreibe die geographische Lage des tropischen Regenwaldes (M3, → **Wir beschreiben die Lage eines Ortes**, S. 16/17).

2 Begründe, warum es im tropischen Regenwald so viele Pflanzen und Tiere gibt.

3 Erkläre mit deinen Worten den Begriff „Brettwurzel" (Text, M1, M2 und M5).

4 Vergleiche die Höhe eines Baumriesen mit der Höhe anderer Objekte (z. B. eines bekannten Gebäudes).

5 Berichte über das „Leben in den Bäumen" (Text, M6 bis M8).

Leben in einem Hochgebirge

M 1 **Der Vulkan Aconcagua (6962 m) in den Anden – höchster Berg Amerikas und höchster Berg der Südhalbkugel (Bildvordergrund: Weinanbau)**

M 2 Die Anden

***archäologisch**
die Archäologie (Erforschung der Entwicklung der Menschheit) betreffend

Die Anden – ein Hochgebirge in Südamerika

Die Anden sind mit ihren rund 7500 Kilometern die längste Gebirgskette der Erde und das zweithöchste Gebirge weltweit.
In den Anden gibt es zahlreiche Vulkane, die teilweise noch aktiv sind. Zu den aktiven Vulkanen gehören der Aconcagua und der Cotopaxi.

Leben in den Anden

In Höhenlagen enthält die Luft weit weniger Sauerstoff als die Luft in Meeresnähe. Alltagssprachlich wird dies gelegentlich auch als „dünne Luft" bezeichnet. Eine Folge davon ist, dass wir Europäer bei Reisen in extreme Höhenlagen Probleme mit der Atmung bekommen können.
Bei den Bewohnerinnen und Bewohnern der Anden fanden Forscher heraus, dass ihr Blut eine besondere Eigenschaft aufweist: Es kann Sauerstoff gut binden. Infolgedessen sind sie besser an ein Leben unter diesen erschwerten Bedingungen angepasst.

Die Anden – ein Siedlungsraum mit langer Geschichte

Die Anden wurden bereits vor Zehntausenden Jahren besiedelt. Das konnten archäologische* Funde nachweisen.
Die Lebensbedingungen sind eher schwierig, dennoch sind die Anden keineswegs nur dünn besiedelt.
Insbesondere im tropischen Bereich der Anden kann wegen des warmen Klimas das Gebirge noch in großer Höhe landwirtschaftlich genutzt werden.
Die Jahresmitteltemperatur in München beträgt rund acht Grad Celsius. Das entspricht in den tropischen Anden ungefähr einer Höhenlage von annähernd viertausend Metern.

M3 Lamas in den peruanischen Anden

M4 Hangbewirtschaftung in Tarma (über 3000 m) in den peruanischen Anden

M5 Ein junger Andenbewohner

Lamas – genügsame Nutztiere

Lamas sind kamelähnliche Tiere. Es sind genügsame Nutztiere, die sich von Gräsern, krautigen Pflanzen, Sträuchern und ähnlichem ernähren. Der Mensch nutzt sie als Lasttiere, zur Fleischerzeugung sowie als Lieferant von Wolle.

Gegenwärtig gibt es in Südamerika ungefähr drei Millionen Lamas. Die meisten von ihnen leben in den Anden.

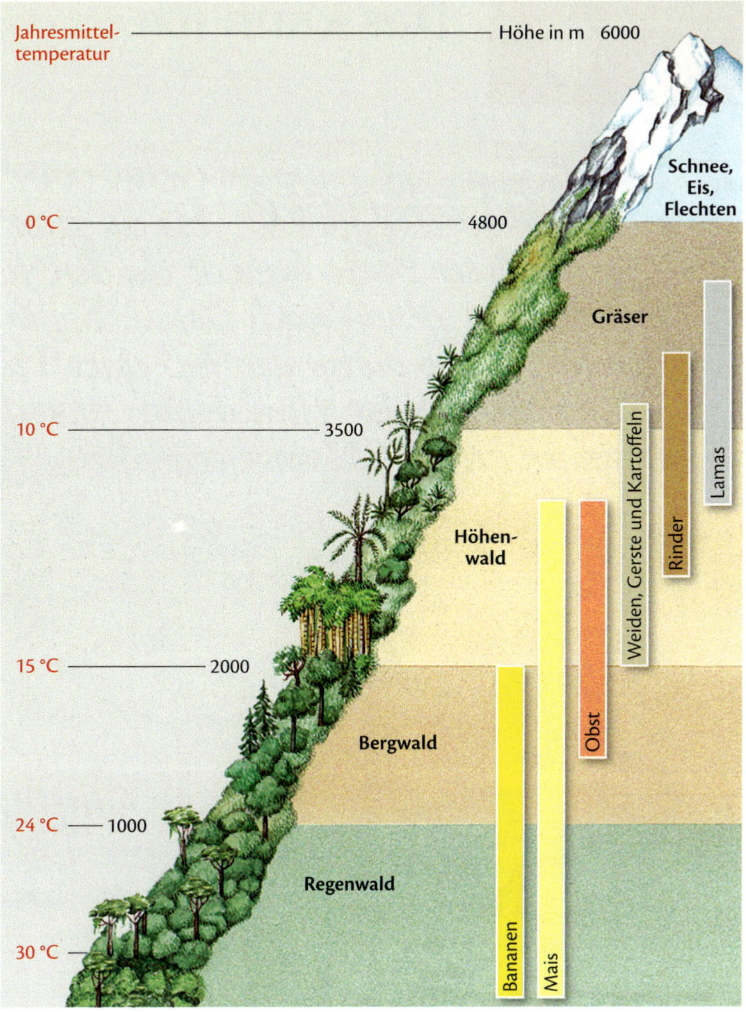

M6 Höhenstufen in den Anden – und ihre Nutzung

1 Beschreibe die geographische Lage der Anden (M2, → **Wir beschreiben die Lage eines Ortes**, S. 16/17).

2 Werte M1 aus (→ **Wir beschreiben Bilder** S. 20/21).

3 Fasse kurz mündlich zusammen, warum in den Anden selbst noch in einigen Tausenden Metern Höhe Leben und Landwirtschaft möglich sind (Text, M6).

4 Erläutere mithilfe von M3, M4 und M6 die Höhenstufen der Anden.

5 Berichte über Anpassungsformen von Menschen und Tieren an das Leben im Hochgebirge (Text).

6 Schreibe eine E-Mail an einen Freund in Deutschland, wie sie der junge Andenbewohner verfasst haben könnte (M5). Versetze dich in seine Situation und schildere einen „typischen Tag" im Hochgebirge.

Das kann ich …

✓ absolute Höhe
✓ relative Höhe
✓ Tiefland
✓ Mittelgebirge
✓ Hochgebirge
✓ über NN
✓ Höhenschicht
✓ überhöht
✓ Grönland
✓ Wüste
✓ tropischer Regenwald
✓ Anden

M 1 Wichtige Begriffe aus dem Kapitel 3

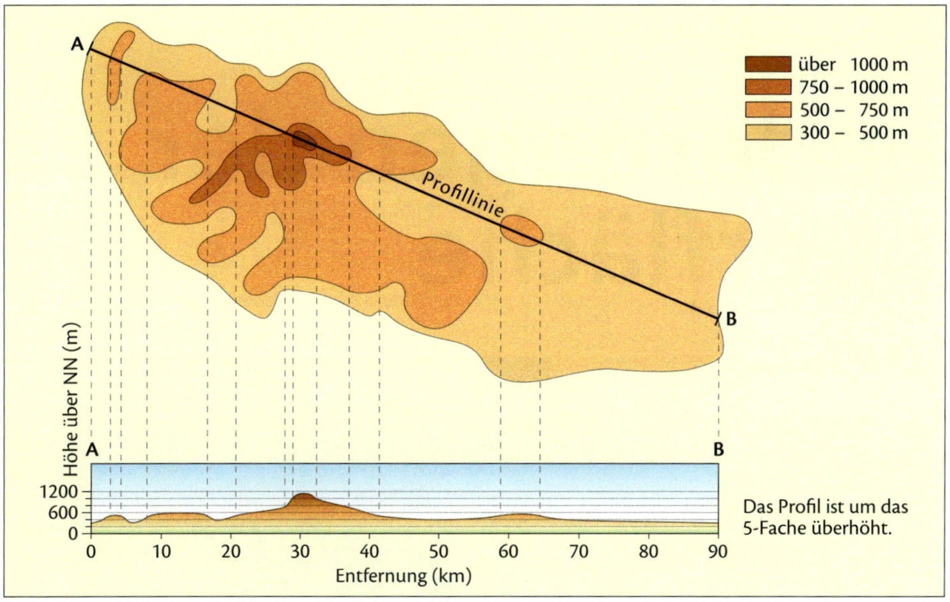

M2 Ein Profil

M6 Lama in den Anden

M3 Windrose – hier noch ohne Himmelsrichtungen

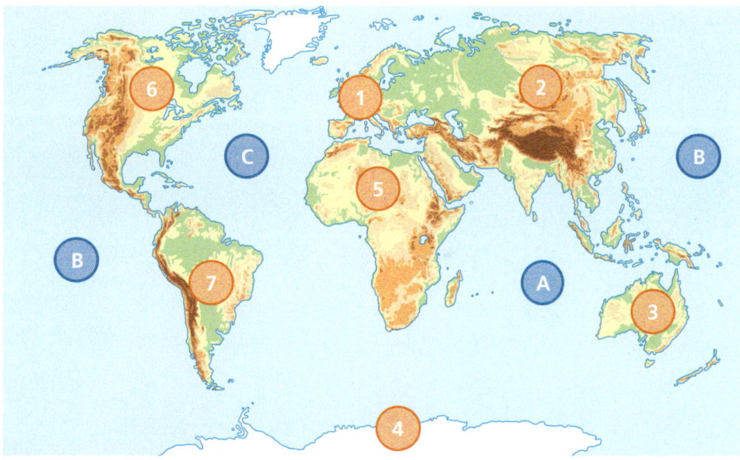

M5 Kontinente und Ozeane

M4 Wasserspiegel

1 Gib die Bedeutung der wichtigen Begriffe dieses Kapitels wieder (M1).

2 Finde (d)einen Schatz – mit den Informationen auf der Seite 66.

3 Erläutere das Profil M2.

4 Skizziere die Windrose in dein Arbeitsheft und beschrifte sie (M3).

5 Werte M4 aus (→ **Wir beschreiben Bilder** S. 20/21).

6 Ordne die Kontinente und die Ozeane bezüglich ihrer Flächengrößen tabellarisch (M5, → **Wir arbeiten mit Tabellen und Diagrammen**, S. 48/49).

7 M6: Lamas in den Anden. Berichte, was du darüber gelernt hast.

4 Veränderungen der Erdoberfläche

Feuer, Asche, Rauch und giftige Gase … Wenn ein Vulkan ausbricht, ist Leben in Gefahr. Ein Vulkanausbruch lässt schnell erkennen, welche gewaltigen Kräfte die Erde entfesseln kann.

Auch bei einem Erdbeben ist Leben in Gefahr. Deswegen wäre es hilfreich, wenn Erdbeben und Vulkanausbrüche früh genug vorausgesagt werden könnten.

„Meere" und „Festland", heißt es – aber ist das „Festland" überhaupt „fest"? Die Erde verändert ständig ihr Aussehen – einerseits „aus eigener Kraft", andererseits, weil wir Menschen aktiv werden.

Über diese Fragen, aber auch über energischen Wind erhaltet ihr in diesem Kapitel ebenso spannende Informationen wie über wachsende Müllberge.

Die Erdplatten

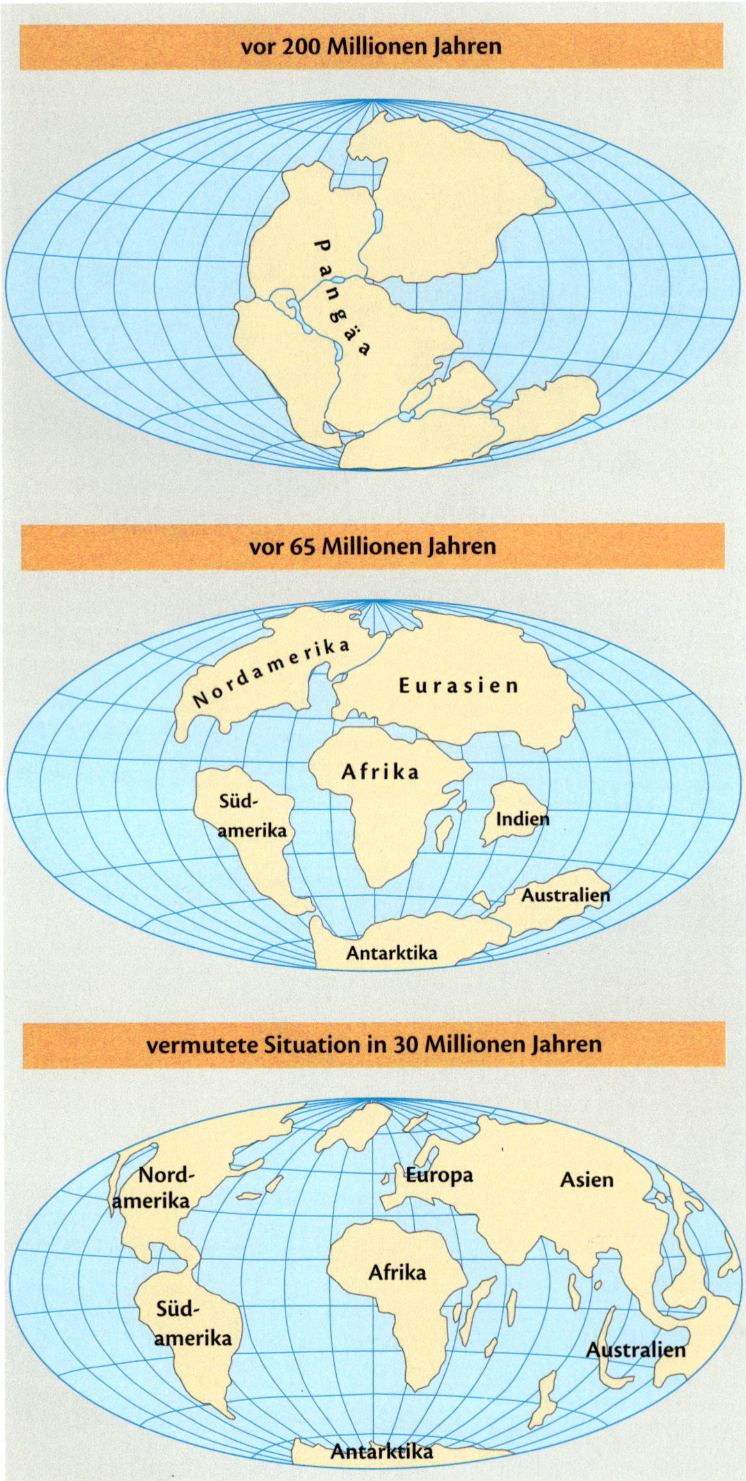

M 1 Die Veränderungen und Verschiebungen der Kontinente

Wandernde Kontinente …

Hast du dir eine Weltkarte schon einmal ganz genau angesehen? Vielleicht ist dir dabei aufgefallen, dass die Küsten von Südamerika und Afrika wie ein Puzzle zusammenpassen. Unsere Kontinente bewegen sich nämlich. Selbst in diesem Moment verändern sie ihre Lage – langsam, aber unaufhörlich. So entfernt sich beispielsweise Europa jedes Jahr etwa zwei Zentimeter von Amerika.

… wie funktioniert das?

Um das erklären zu können, müssen wir uns an den Schalenbau der Erde erinnern. Diese konnten wir mit einem Pfirsich vergleichen: innen der feste **Erdkern**, darum herum der dicke **Erdmantel** und zum Abschluss eine schützende **Erdkruste**.
Die Erdkruste ist jedoch nicht vergleichbar mit einer „durchgängigen Haut“, sondern sie ist in einzelne **Erdplatten** zerbrochen. Da der obere Teil des Erdmantels durch die Hitze im Erdinneren zähflüssig ist, „schwimmen“ die Platten darauf und können sich bewegen – ähnlich wie Eisschollen auf Wasser.

Wie kommt der Dinosaurier nach Afrika?

Neben den zueinander passenden Kontinentalrändern gibt es weitere Beweise für die Idee der wandernden Platten. So wurden auf mehreren Kontinenten übereinstimmende **Fossilien*** von Tieren und Pflanzen gefunden, die ohne eine frühere Verbindung der Landmassen nicht dorthin gekommen wären. Sie hätten eine solche Strecke nicht überwinden können. Man findet sie nur an den Küsten der früher zusammengehörenden Landmassen. Dasselbe gilt für bestimmte Gesteine, die in ihrer Zusammensetzung perfekt zueinander passen.

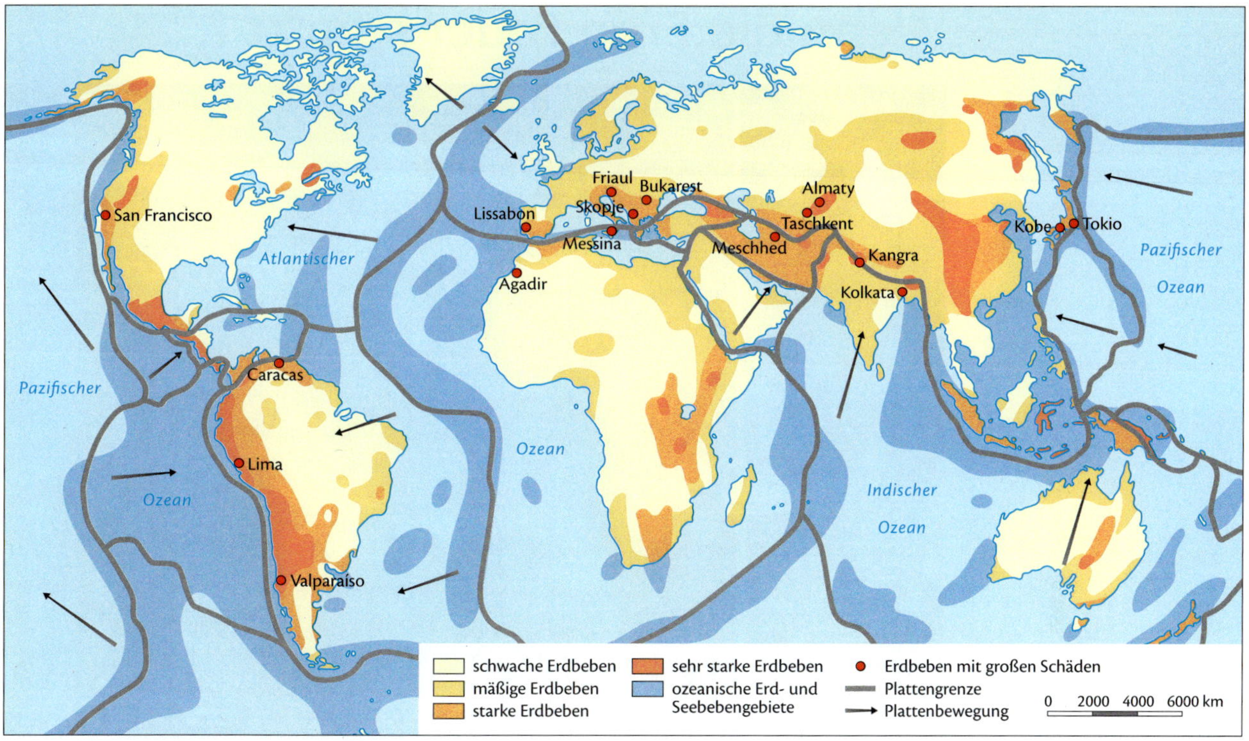

M2 Die Erdplatten und ihre Bewegungsrichtungen

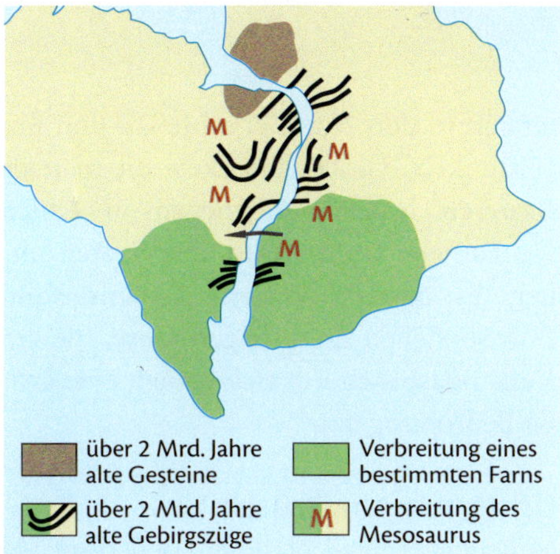

M3 Spuren von Pangäa

M4 Mesosaurus (Rekonstruktion)

***Fossil**
ein versteinertes Fundstück, das älter als 10 000 Jahre ist und Hinweise auf frühere Lebewesen gibt (Pluralform: Fossilien)

Kräfte aus dem Erdinneren

Überall dort, wo Erdplatten aufeinander treffen, rumort es und die Erdoberfläche verändert sich. Es kommt zu Erdbeben und Vulkanausbrüchen. Über längere Zeit hinweg können infolge der erdinneren Kräfte auch Gebirge entstehen oder sich große Gebiete der Erde absenken.

1 Beschreibe die Veränderungen und Verschiebungen der Kontinente (Text, M1).

2 Erläutere die Ursache der sich bewegenden Erdplatten (Text, M2).

3 Nenne Beweise dafür, dass die Landmassen früher einmal anders verteilt waren.

4 Stelle den Unterschied zwischen einem Kontinent und einer Erdplatte heraus (M2).

5 Erkläre die Spuren von Pangäa (M1, M3 und M4).

6 Begründe, warum das Leben an/auf einer Plattengrenze nicht ungefährlich ist (M2).

Wenn die Erde Feuer spuckt …

M 1 Ausbruch des Ätna im November 2013

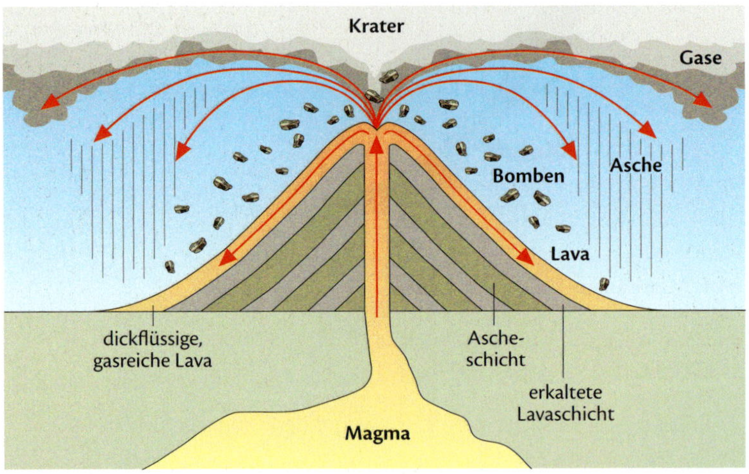

M 2 Querschnitt durch einen ausbrechenden Schichtvulkan

Ein Vulkan bricht aus

Magma, glutflüssiges Gestein aus dem Erdinneren, bahnt sich bei einem Vulkanausbruch einen Weg an die Oberfläche. Dort tritt es als **Lava** aus dem **Krater** aus. Gewaltige **Aschewolken** können kilometerweit in den Himmel schießen und ihn verdunkeln. Gesteinsbrocken, die man als **Bomben** bezeichnet, fliegen in einem weitläufigen Umkreis um den Krater umher. Es besteht äußerste Lebensgefahr. Ebenso stellen die **giftigen Gase**, die ein Vulkanausbruch mit sich bringt, eine große Bedrohung dar.

Unter hohem Druck

Vulkanausbrüche ereignen sich dort, wo zwei Erdplatten aufeinander treffen und/oder die Erdkruste dünn ist. Wie in einer geschüttelten Limonadenflasche kann der Vulkan dem Druck der aufsteigenden Gase irgendwann nicht mehr standhalten. Die Spitze des Berges wird dann einfach weggesprengt.

Wann ein Vulkan ausbricht, lässt sich nicht genau vorhersagen. Das erhöht die Gefahr für die Menschen, die an einem **aktiven** Vulkan wohnen.

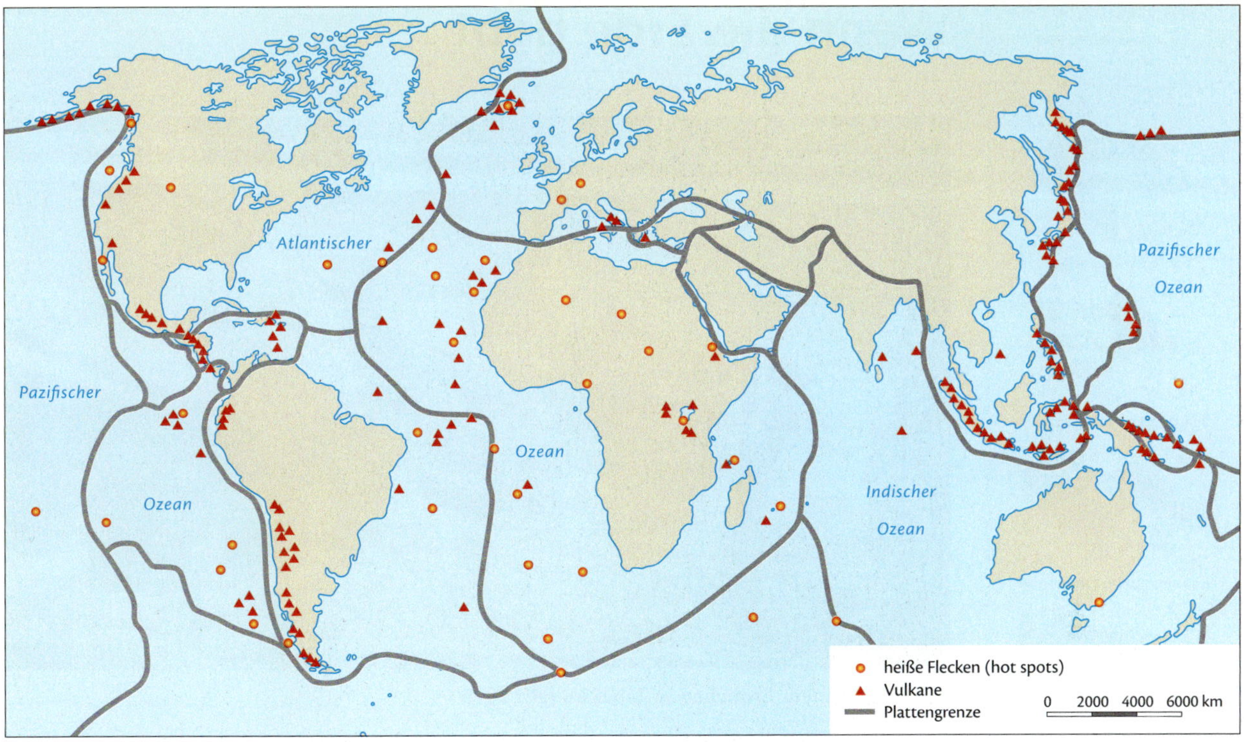

M3 **Vulkanregionen der Erde**

Schicht für Schicht

Vulkane, die im Laufe vieler Jahre immer wieder so explosiv ausbrechen, lagern mehrere Schichten ab. So entsteht ein **Schichtvulkan**.

Leben an einem Vulkan

Das Leben an einem Vulkan ist gefährlich, bringt jedoch auch Vorteile mit sich. Aus den nährstoffreichen vulkanischen Aschen bilden sich nämlich im Laufe der Zeit ertragreiche Böden. Am Ätna, dem höchsten (3323 m) und aktivsten europäischen Vulkan, wird auf diesem Boden u. a. Wein angebaut.

Während der zahlreichen Ausbrüche des Ätna starben allerdings auch Hunderte Menschen – insbesondere in den früheren Jahrhunderten. Bei seinem äußerst intensiven Ausbruch im Jahr 2013 gab es keine Verletzten und Toten. Das ist dem immer besser werdenden **Frühwarnsystem** zu verdanken.

M4 **Weinanbau am Ätna**

1 Beschreibe das Foto M1 (→ **Wir beschreiben Bilder**, S. 20/21).

2 Erläutere den Ausbruch eines Schichtvulkans (M2, Text).

3 Zeige auf der Karte M3 Gebiete, in denen es besonders viele Vulkane gibt (→ **Wir lesen eine Karte**, S. 18/19).

4 Finde eine Erklärung dafür, warum die Gebiete mit einer großen Anzahl von Vulkanen in bestimmten Räumen zu finden sind (M3, Text).

5 Halte einen kurzen mündlichen Vortrag über das Leben an einem Vulkan (Text, M1 und M4).

Wenn die Erde bebt …

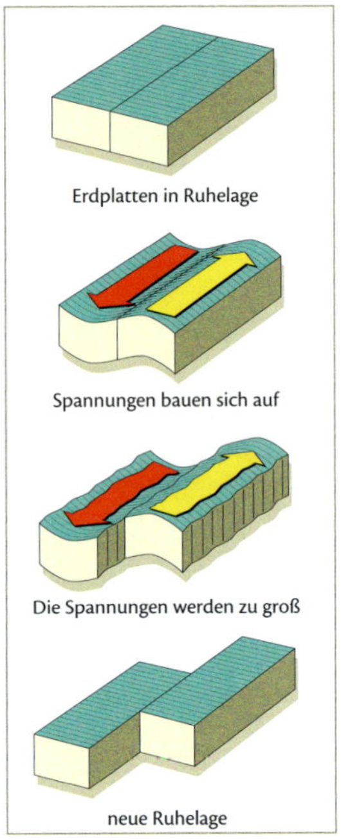

M 1 **Spannungsaufbau und Spannungsentladung an der Grenze zweier sich aneinander vorbei bewegender Erdplatten**

M 3 **Nach einem Erdbeben in Tibet im Jahr 2015**

Erdbeben

Überall dort, wo Erdplatten aneinander grenzen, kann es zu Erdbeben kommen. Doch auch noch in weit entfernten Gebieten kann man die Auswirkungen solcher Ereignisse spüren. Ein Erdbeben breitet sich ähnlich großflächig wie eine Welle auf dem Wasser aus.

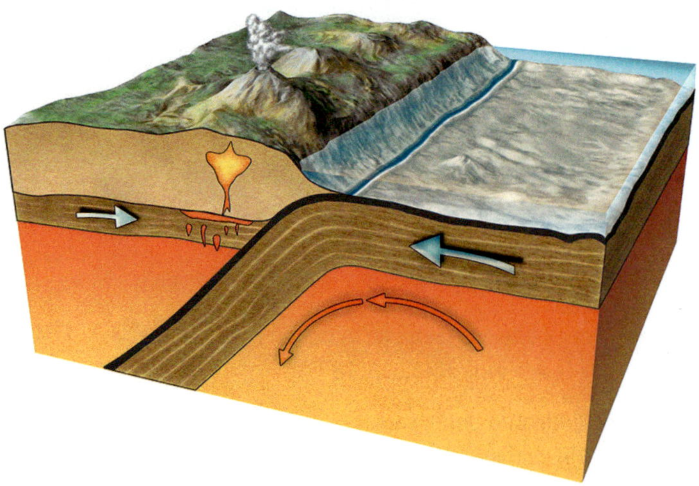

M 2 **Abtauchen einer Erdplatte unter einer anderen**

Vorhersage von Erdbeben

Eine verlässliche frühzeitige Vorhersage von Erdbeben ist heute noch nicht möglich. Jedoch wird viel für die Erdbebenforschung getan und die Wissenschaftler kommen dabei gut voran. Sie untersuchen beispielsweise, wie der Zustand einer Region vor dem Ausbruch eines Erdbebens war. Einem größeren Erdbeben gehen nämlich meistens kleinere **Vorbeben** voraus. Aber nicht jedes kleinere Beben ist auch Vorbote eines schwereren Erdbebens. Wenn dieser Zusammenhang noch besser verstanden wird, kann in Zukunft vielleicht früh genug gewarnt werden. Je eher die Bevölkerung informiert werden kann, desto geringer ist die Panik und umso weniger Opfer sind zu befürchten.

Inwieweit hier **Tiere** dem Menschen nützlich sein können, wird immer noch wissenschaftlich untersucht. In der Vergangenheit gab es übereinstimmende Beobachtungen besonderen tierischen Verhaltens. Viele Tiere haben vermutlich ein äußerst empfindliches Gespür für bevorstehende Naturkatastrophen.

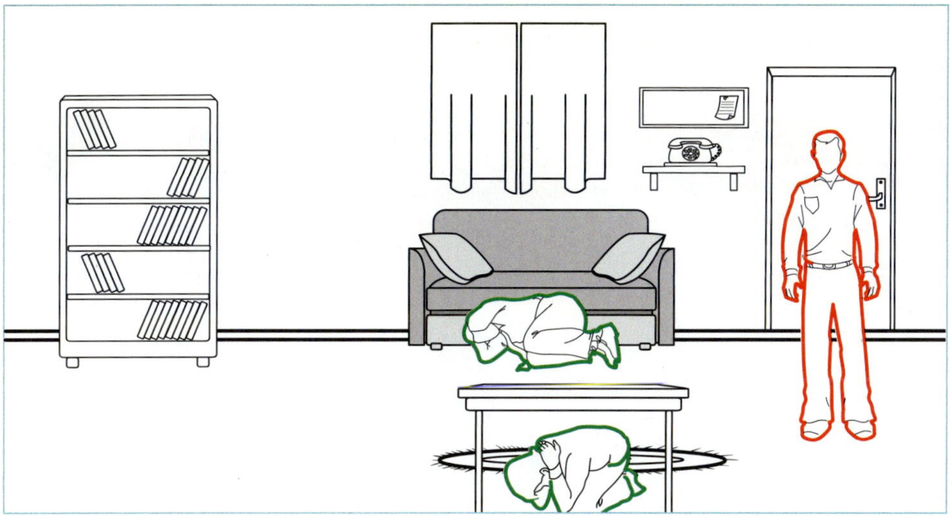

M4 **Wenn die Erde bebt – einfache Verhaltenshinweise in einer zeichnerischen Darstellung**

Stärke 1–2	nur durch Instrumente nachweisbar
Stärke 3	selten nahe dem Bebenzentrum zu spüren
Stärke 4–5	im Umkreis von 30 Kilometern um das Bebenzentrum spürbar, leichte Schäden
Stärke 6	mäßiges Beben, Todesopfer und schwere Schäden in dicht besiedelten Regionen
Stärke 7	starkes Beben, das zu Katastrophen führen kann
Stärke 8–9	schwerstes Großbeben

M6 **Erdbebenskala**

Vorbeugende Schutzmaßnahmen

In Japan zum Beispiel finden bereits in Kindergärten regelmäßige Übungen statt, bei denen das richtige Verhalten im Falle eines Erdbebens trainiert wird.

Auch Architekten können zu einer Erhöhung der Sicherheit beitragen. Moderne Hochhäuser bestehen aus Beton und einem Stahlgerüst. Das sind ideale Baustoffe in Erdbebengebieten, da Stahl bei Belastung nicht sofort bricht. Zusätzlich sind einige Gebäude auf Stoßdämpfern gelagert, um die Erschütterungen eines Erdbebens abzuschwächen.

In größeren Städten lässt man einzelne Flächen unbebaut, damit sich die Menschen bei einem Erdbeben dorthin retten können.

Und wenn doch etwas passiert?

Insbesondere ärmere Länder verfügen nicht über ausreichende Geldmittel, die für sicheres Bauen notwendig wären. Hier helfen beispielsweise Spenden aus dem Ausland.

Auch der Einsatz von Rettungsstaffeln aus Deutschland war schon oft in asiatischen Ländern erbeten worden. Dann rücken Helferinnen und Helfer aus, um mit Spürhunden verschüttete Menschen zu finden.

M5 **Rettungshund in Ausbildung**

1 Beschreibe das Foto M3 (→ **Wir beschreiben Bilder**, S. 20/21).

2 Vergleiche M1 mit M2. Gehe dabei insbesondere auf den Unterschied zwischen den Bewegungsrichtungen der Erdplatten ein.

3 Erläutere mithilfe von M4, welche Verhaltensweisen im Falle eines Erdbebens lebensrettend sein können.

4 Fasse mit deinen Worten zusammen, warum die Vorhersagen von Erdbeben schwierig sind (Text).

5 Tauscht eure Informationen über Rettungshunde aus (M5).

6 Finde heraus, welche Stärke das Erdbeben (M6) in Tibet im Jahr 2015 hatte. Gab es dort danach weitere Erdbeben?

7 Liste Möglichkeiten verschiedener Erdbebenhilfen auf.

Wie Gebirge wachsen ...

M2 Versteinertes Meerestier (ein Ammonit) in den Alpen

M1 Verteilung von Land und Meer vor 100 Millionen Jahren

Meerestiere in den Alpen?

Vielleicht bist du selbst schon einmal in den Alpen gewandert. Weidende Kühe, Almwiesen, hohe Berggipfel – das ist es, was man dort erwarten würde, oder? Aber ein Meerestier? Wohl eher nicht! Und doch könntest du ein versteinertes Mee-

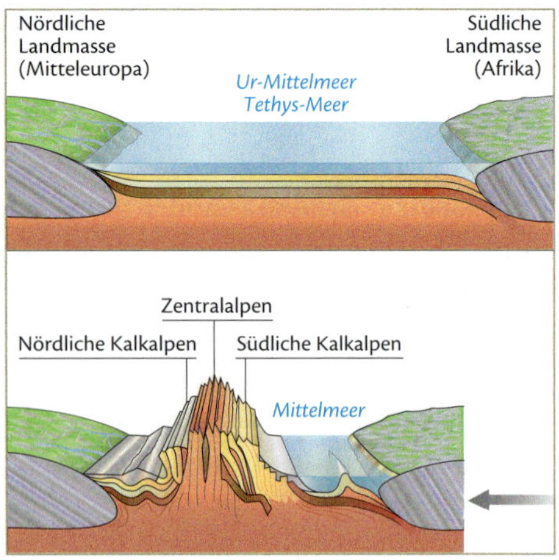

M3 Alpenfaltung

restier (Meeresfossil) finden. Dort, wo sich heute Berge erstrecken, war nämlich früher einmal ein Meer – das Tethys-Meer.
Tote Meerestiere lagerten sich am Grunde des Gewässers ab und bildeten nach und nach unter dem Druck des Wassers feste Gesteinsschichten.
Wie du bereits weißt, waren die Erdplatten im Laufe der Jahrmillionen ständig in Bewegung. Durch diese Bewegung der Erdplatten hat es das Meerestier am Ende bis auf die Berggipfel geschafft.

Alpenfaltung

Vor rund 75 Millionen Jahren begann die afrikanische Landmasse, sich auf die nördlich gelegene europäische Landmasse zu bewegen. Durch diese Bewegung wurde der Boden des zwischen beiden Landmassen befindlichen Ur-Mittelmeeres zusammengeschoben, angehoben und aufgefaltet. Deswegen bezeichnen Fachleute die Alpen als ein **Faltengebirge**.

Immer weiter wachsende Alpen

Auch heute noch „wachsen" die Alpen jedes Jahr um 1,3 Millimeter. Die Bewegung der Erdplatten verursacht in den Alpen jedoch nicht mehr ihr gegenwärtiges „Wachstum". Infolge von Regen und Wind schrumpfen die Berge, denn durch sie wird das Gestein abgetragen. Dies geschieht so stark, dass die Alpenkette immer leichter wird – und sich so ein wenig aus dem glutflüssigen Erdmantel erhebt.

Hoch hinaus am Himalaya

Auch das Himalaya-Gebirge in Asien faltete sich infolge der Plattenbewegung auf. Hier taucht die Erdplatte, auf der sich Indien befindet, unter das Gebirge ab und hebt es an.
Noch immer wächst der Himalaya etwa einen Zentimeter pro Jahr (so schnell wie ein Fingernagel wächst). Damit ist es auch das Gebirge, das am schnellsten wächst.

M4 Der höchste Berg der Erde im Himalaya

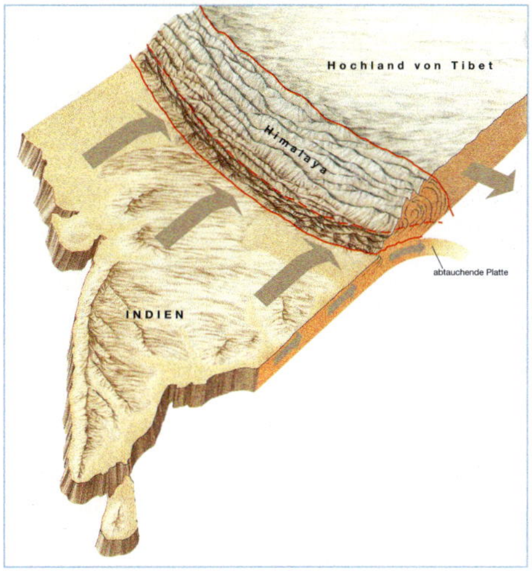

M5 Entstehung des Himalaya

1 Zeige auf der Karte M1 die ungefähre Lage der Alpen (→ **Wir lesen eine Karte**, S. 18/19).

2 Erkläre, warum heute Meeresfossilien in den Alpen gefunden werden können (M1 bis M3, Text).

3 Erläutere die so genannte „Alpenfaltung" (Text, M3).

4 Vergleiche die Entstehung der Alpen mit der Entstehung des Himalaya (M1 bis M5, Text).

5 Finde heraus, wie der höchste Berg der Erde heißt und wie hoch er ist (M4).

Die Kräfte der Erde

M1 Achtung – Steinschlag

M4 In den Alpen (Großglockner Hochalpenstraße) – Frostsprengung in der Gipfelregion

M2 Ergebnis von Frostsprengung und Windschliff (Sahara)

M3 Sandsturm in der Sahara

Heiß, kalt, nass – so viel muss die Erdoberfläche ertragen

Nachts eisige Minusgrade, tagsüber trockene Hitze – Alltag in der Sahara. Wochenlanger Regenfall im Herbst und Dürre im Sommer – auch bei uns ganz normal. Zwischendurch immer mal wieder Wind – oder eben auch nicht.

Kein Wunder, dass so etwas nicht spurlos an der Erdoberfläche vorübergeht.

Wasser, Wind und Temperatur sind **erdäußere** (exogene) Kräfte, die unsere Landschaft formen. **Erdinnere** (endogene) Kräfte hingegen verursachen Erdbeben und Vulkane.

Verwitterung

Durch verschiedene natürliche Vorgänge lösen sich immer wieder Teile aus Bergen und Felsen. So wird beispielsweise durch Eis in Gesteinsspalten das Material zunächst auseinandergedrückt und später abgesprengt. Nach und nach wird Gestein zu Geröll und Schotter verkleinert. All diese Vorgänge, die die Zerkleinerung von Gestein betreffen, nennt man **Verwitterung**.

M5 **Ein Gebirgsbach „bei der Arbeit“**

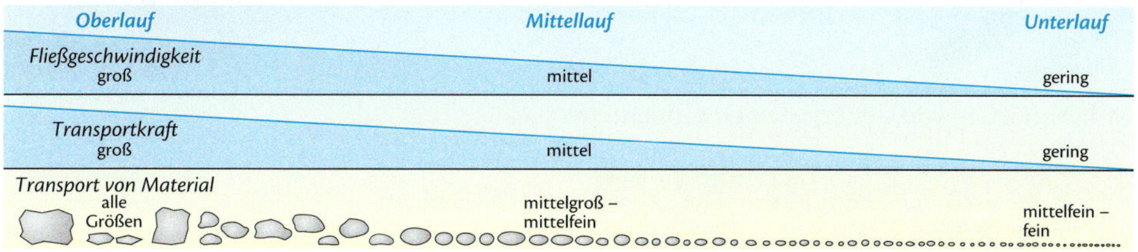

M6 **Die Kraft und die Wirkung fließenden Wassers – zwischen Quelle und Mündung**

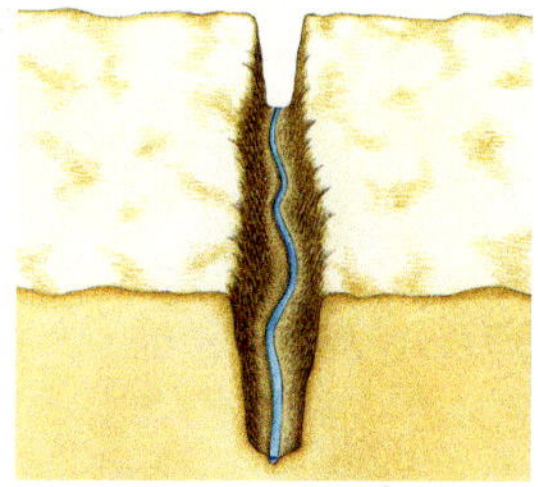

M7 **Klamm**

M8 **Muldental**

M9 **Kerbtal**

Flüsse gestalten die Landschaft

Nicht nur Wasser in Form von Niederschlag formt die Erdoberfläche. Vor allem Flüsse verändern die Landschaft.

Das fließende Wasser bearbeitet den Untergrund – das Flussbett – sowie das Ufer beständig. So entstehen Täler. Diese sehen unterschiedlich aus, abhängig von der **Fließgeschwindigkeit**, der Menge des Wassers und der Widerstandsfähigkeit des Untergrundes (Gesteins). Manchmal arbeitet sich ein Fluss eher in die Tiefe, manchmal eher in die Breite.

Talformen

Flüsse entspringen meist in Gebirgen (Quelle). Die Fließgeschwindigkeit ist im steilen Quellbereich (also zu Beginn des Flussverlaufs) sehr groß. Der Fluss gräbt sich hier stark in das Gestein ein und bildet tiefe Täler. Solche Täler werden als **Klamm** oder **Schlucht** bezeichnet.

Flussabwärts lässt die Geschwindigkeit des Wassers nach. Hier wirkt die **Abtragung** nicht mehr so stark in den Untergrund, sondern auch an den Flussrändern. Es entsteht ein **Mulden-** oder **Kerbtal.**

In flacheren Flussabschnitten mit lockerem Untergrund bilden sich weite Mulden- und **Sohlentäler**.

1 Erläutere die Bedeutung des Straßenschildes und nenne Orte, an denen dieses Schild zu finden ist (M1).

2 Beschreibe das Foto M4 und stelle einen Zusammenhang mit M1 her (→ **Wir beschreiben Bilder**, S. 20/21).

3 Ordne die vier Fotos dieser Doppelseite (M2 bis M5) den erdäußeren Kräften Wasser, Wind und Temperatur zu.

4 Erkläre die Gestaltungskraft von Bächen und Flüssen. Verwende dafür den Text und die Materialien M5 bis M9.

5 Stelle dir vor, M3 wäre eine Filmszene. Lass diesen Film aus Sicht eines Sandkornes Hunderte Jahre zurücklaufen und erzähle.

Der Kreislauf der Gesteine

M 1 Verlegung von wetterfesten Granitplatten

M 2 Zersägung eines Granitblockes in Scheiben

M 3 Granit (Handstück)

Gestein

Die steinerne Hülle der Erde reicht bis in Tausende Kilometer Tiefe und umspannt den gesamten Erdball.

Überall, wo man in die Tiefe graben oder bohren würde, stieße man irgendwann auf festes Gestein – so wäre es auch unter dem Strand der Nordsee oder unter eurem Schulgebäude.

Ähnlich wie die Erdplatten ständig in Bewegung sind, sind auch die Gesteine einem dauerhaften Wechsel unterworfen. Dieser Wechsel vollzieht sich im Laufe von vielen Jahrmillionen.

Hitze im Erdinneren

Im Inneren der Erde herrscht eine Temperatur von mehreren Tausend Grad Celsius. Sogar im Inneren der Erde gibt es Gestein, jedoch liegt das Gestein hier in flüssiger Form vor (Gesteinsschmelze).

Vulkanausbrüche befördern flüssiges Gestein an die Erdoberfläche (Ergussgestein). Das Gestein erstarrt und wird allmählich infolge von Verwitterung aufgelöst.

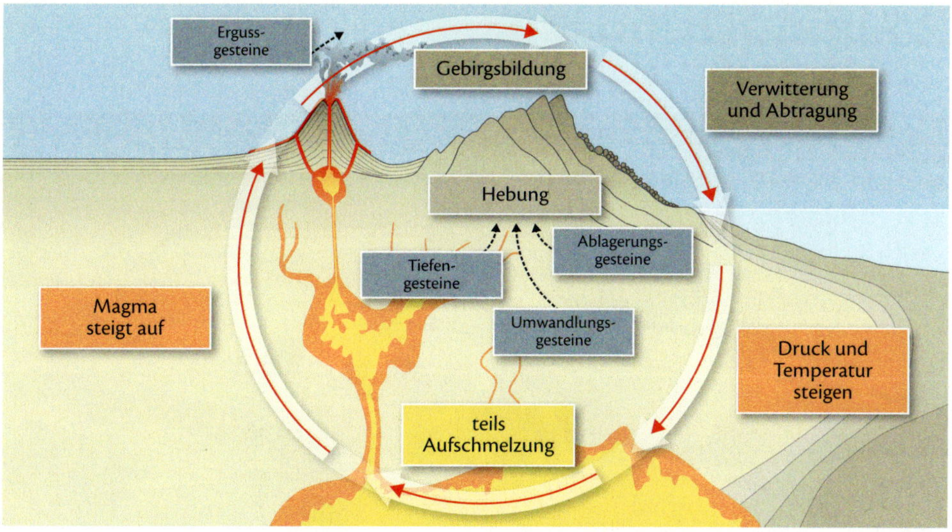

M4 Vereinfachter Gesteinskreislauf

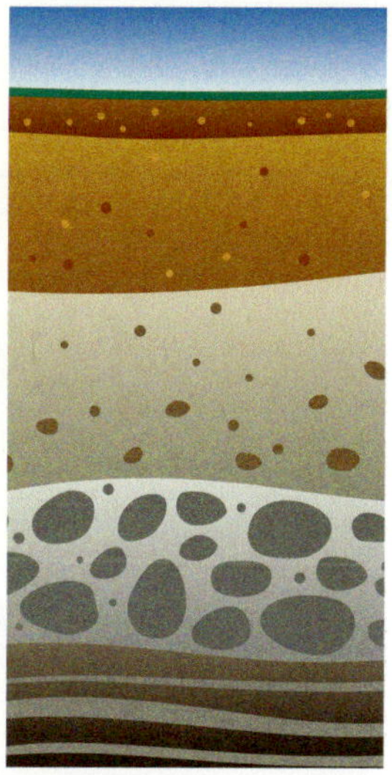

M6 Schichtung

Schichtgestein und Tiefengestein

Verwittertes Gestein wird in Boden umgewandelt. Boden wiederum wird verdichtet, wenn er absinkt und von immer neuen Schichten überlagert wird.

Gestein, das aus vielen übereinander befindlichen Lagen (Schichten) gebildet wird, heißt **Schichtgestein**. Solche Schichtungen lassen sich üblicherweise gut erkennen.

Keine Schichtung weist das so genannte **Tiefengestein** auf. Das Tiefengestein entsteht in Zonen, in denen die Abkühlung des Erdinneren äußerst langsam erfolgt. Dann bildet sich aus dem flüssigen Gestein beispielsweise Granit – vergleichbar mit der Bildung von Eis aus Wasser.

M5 Geschichtet, gehoben und gefaltet

Unterschiedliche Eigenschaften

Da Gestein auf der Erde in nahezu unvorstellbaren Mengen vorkommt, ist es überall verfügbar. Gestein ist aber nicht gleich Gestein. Besondere Eigenschaften bestimmter Gesteine machen sie für unterschiedliche Nutzungen interessant.

Steine, die sich leicht brechen lassen, aber dennoch widerstandsfähig sind, eignen sich beispielsweise für den Bau von Schienenwegen.

1 Beschreibe die Entstehung einer Schichtung (Text, M6).

2 Erläutere den vereinfachten Kreislauf der Gesteine (Text, M4). Beginne deine Erläuterung mit einem Vulkanausbruch.

3 Betrachte die Fotos M1 bis M3. Erkläre, wie der Granit verarbeitet und verwendet wird.

4 Sieh dich in der Schule, zu Hause, im Freien und „unterwegs" um. Wo stößt du auf „natürliches", wo auf verarbeitetes Gestein?

5 Zeige auf dem Foto M5 die drei in der Bildunterschrift genannten Eigenschaften des abgebildeten Felsens.

Raumnutzung

M 1 Raumnutzungskonflikt* (Fotomontage*) – hier soll ein großer moderner Flughafen gebaut werden …

***Raumnutzungskonflikt**
(besonders Energie geladene) Auseinandersetzung und Uneinigkeit (Konflikt) bei der Frage einer (zukünftigen) Raumnutzung; manchmal streiten die Parteien darüber vor Gericht

***Fotomontage**
Zusammenstellung eines Fotos aus Bestandteilen mehrerer Fotos

M 2 … Landwirt Huber ist sehr dagegen …

Veränderte Raumansprüche

Seit Beginn der Menschheit sind unsere **Ansprüche** stetig gestiegen. Keiner möchte beispielsweise gern bei Wind und Wetter kilometerlang zur Schule laufen müssen. Da ist es im warmen Schulbus auf der Straße doch viel angenehmer. Es regnet? Kein Problem, ihr könnt ja in einem Indoor-Spielplatz spielen.

Und euer leckeres Essen kommt auch nicht mehr unbedingt vom Bauernhof nebenan, sondern aus dem Supermarkt. Das bedeutet, dass das Essen häufig aus einer landwirtschaftlichen Großproduktion stammt, für die viel Fläche benötigt wird. Fläche ist sowieso das, was wir am meisten brauchen. Jede Fläche für ein großes Gebäude, einen Flughafen oder einen Bahn-

M3 … aber es gibt auch Befürworter/-innen eines neuen Großflughafens

hof muss auch „irgendwoher“ kommen. Wenn jemand etwas Bestimmtes möchte, muss vielleicht ein anderer darunter leiden – nicht nur die Landschaft.

Raumnutzungskonflikt

Wie ein Raum genutzt wird oder werden soll (Raumnutzung), ist mitunter das Ergebnis einer längeren gesellschaftlichen **Auseinandersetzung**.

Auf der einen Seite stehen dann beispielsweise Menschen, die eine Bebauung verhindern wollen. Sie befürchten, dass ihnen die Nachtruhe geraubt wird und/oder das Umweltschäden eine Folge der neuen Nutzung sein könnten.

Auf der anderen Seite befinden sich oft Personen, die mit dem Begriff „Arbeitsplätze“ für „ihre Sache“ werben wollen. Sie verschließen sich nicht unbedingt der Sichtweise von Umweltschützern. Sie machen allerdings eindringlich darauf aufmerksam, dass ein Großbauprojekt wie ein Flughafen Hunderte Arbeitsplätze schaffen würde. Damit käme mehr Geld in eine Stadtkasse. Das Aufeinanderstoßen verschiedener Meinungen zu einer Raumnutzung heißt **Raumnutzungskonflikt**.

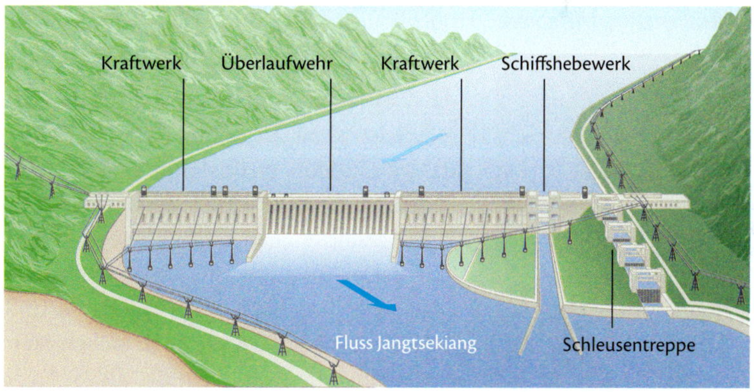

M4 Großbauprojekt Stausee

1 Fasse mit deinen Worten und anhand von (neuen) Beispielen die veränderten Raumansprüche der Menschen zusammen (Text).

2 Erkläre, was unter dem Begriff „Raumnutzungskonflikt“ verstanden wird (Text, M1 bis M3).

3 Versetze dich in die Lage von Landwirt Huber (M2). Welche Äußerungen zum geplanten Großflughafen könnte er von sich geben?

4 Denke dir Äußerungen (Argumente) von Flughafenbefürwortern aus und schreibe sie stichwortartig auf. M3 könnte dir dabei helfen.

5 M4: Ein Stausee soll angelegt werden. Schreibe in zwei Spalten auf, was für ein solches Großbauprojekt spricht und was dagegen.

6 Berichte von Raumnutzungskonflikten, die dir bekannt sind.

7 Entwirf Lösungsvorschläge für einen Raumnutzungskonflikt zum Thema „Großflughafen“. Wie könnte z. B. Fluglärm begrenzt werden?

Windenergie

M 1 Wintersturm an der See

M 2 Ganz schön hoch

Wind ist nützlich

Achtung, warm anziehen, es wird ein kalter Nordwind vorhergesagt! Wind ist möglicherweise manchmal unangenehm. Ist er besonders stark, kann er als Orkan zudem große Zerstörungen anrichten.

Doch grundsätzlich ist Wind etwas sehr Nützliches. Er verbreitet Pflanzensamen, Segelboote brauchen ihn als Antrieb und ihr könnt im Herbst euren Drachen steigen lassen.

Wind ist Energie

Vorteilhaft ist, dass sich aus Wind elektrische Energie gewinnen lässt. Es geschieht mithilfe von Windrädern, den so genannten **Windkraftanlagen** (oder auch: Windenergieanlagen).

Vielleicht hast du schon einmal eine Windkraftanlage aus der Nähe gesehen. Oft stehen die Windräder mit ihren drei Rotorblättern aber so weit entfernt, dass einem die eigentliche Größe dieser „Riesen" nicht sofort bewusst wird. Immer größer werden sie in Zukunft. Das hat gute Gründe: In der Höhe weht der Wind stärker. Außerdem kann mit größeren Windkraftanlagen auch mehr Energie gewonnen werden.

Windenergie ist erneuerbar

Wind gehört – anders als Kohle, Erdöl und Erdgas (sie wachsen nicht nach) – zu den **erneuerbaren Energien**. Somit stellt die Windenergie grundsätzlich ein umweltfreundliches Angebot dar. Allerdings stehen auch bei Windkraftanlagen den Vorteilen einige Nachteile gegenüber.

M 3 Windkraftanlagen – aus der Vogelperspektive

M4 Mittlere Windstärken

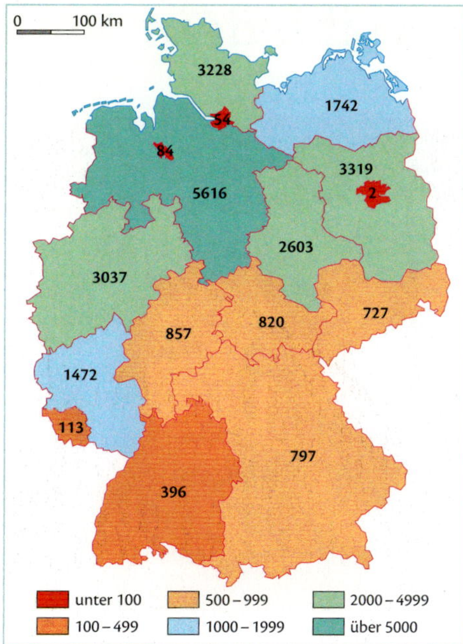

M7 Anzahl der Windkraftanlagen

*MW

Abkürzung für: „Mega-Watt"; eine Einheit zur Messung der Leistung von elektrischer Energie (ein moderner Schnellzug der Bahn (ICE 3) benötigt etwa 8 MW)

Natürlich finde ich Windenergie gut. Die Erde wird dafür nicht ausgebeutet, es entstehen keine Abfallstoffe und es werden keine Abgase erzeugt. Dennoch muss ich sagen, dass mir der Anblick der Räder in der Landschaft nicht gefällt. Okay, eigentlich finde ich es nicht so schlimm, aber hier direkt vor meinem Haus? Dieser Lärm und der Schattenwurf – furchtbar. Außerdem habe ich Angst, dass ein Feuer in einem Brandfall beispielsweise nach einem Blitzschlag auf mein Haus übergreifen könnte. Das ist sowieso schon fast nichts mehr wert seit dem Bau, niemand möchte direkt hier wohnen. Auch Vögel müssen leiden, denn sie werden manchmal Opfer der Windkraftanlagen.

M5 Eine Frau, die neben einer Windkraftanlage lebt, kommentiert …

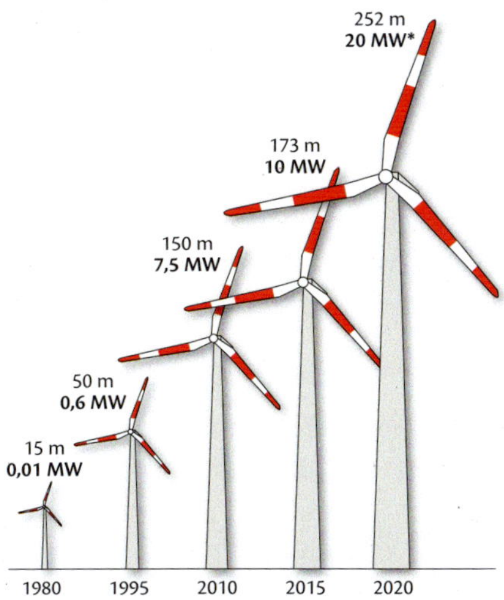

M6 Immer größere Anlagen …

1 Fasse mit deinen Worten die Nützlichkeit des Windes zusammen.

2 Erläutere die Vorzüge der Windkraft als eine erneuerbare Energie.

3 Werte die thematische Karte M4 aus (→ **Wir lesen eine Karte**, S.18/19).

4 Vergleiche die thematischen Karten M4 und M7. Passen sie „gut zueinander" oder wirft der Vergleich Fragen auf? Wenn ja, welche?

5 Sammelt stichwortartig eure Fragen aus Aufgabe 4 und versucht, sie zu beantworten.

6 Beschreibe M6 und begründe mithilfe des Textes.

7 Stelle dir vor, die Dame aus M4 stünde dir gegenüber. Was würdest du ihr sagen wollen? Kannst du sie beruhigen? Hat sie in allen Punkten recht (M2 und M3)?

Verschiedene Verkehrsmittel

M 1 Große Ferien, große Fahrt – Familie Brunner vor der Abreise

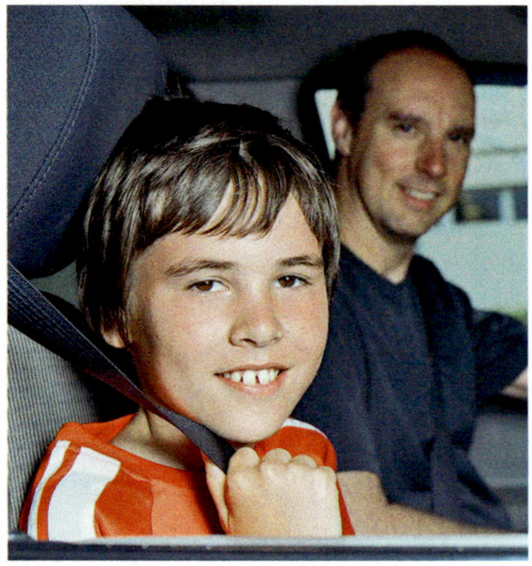

M 3 Cem – unterwegs zum Sporttraining …

***Kerosin**
Flugzeugtreibstoff

***Passagierkilometer (Pkm)**
Summe aus der Multiplikation von Personen und Entfernung (Beispiel: vier Passagiere in einem Auto fahren 250 Kilometer = 4 x 250 = 1000 Pkm)

***Rap**
schneller, rhythmischer Sprechgesang

Von A nach B

Fast jeder ist jeden Tag unterwegs – irgendwie. Dabei geht es immer auch um die Frage: wie? Soll das Ziel schnell erreicht werden? Ist es wichtig, bei einer Reise die Umwelt möglichst wenig zu belasten? Möchte man bequem und auf den „eigenen vier Rädern" reisen?

In Deutschland gibt es gegenwärtig mehr als 40 Millionen gemeldete Personenkraftwagen (Pkw) – bei rund 80 Millionen Einwohnern. Statistisch betrachtet hat jede/-r Zweite ein Auto – kleine Kinder eingerechnet.

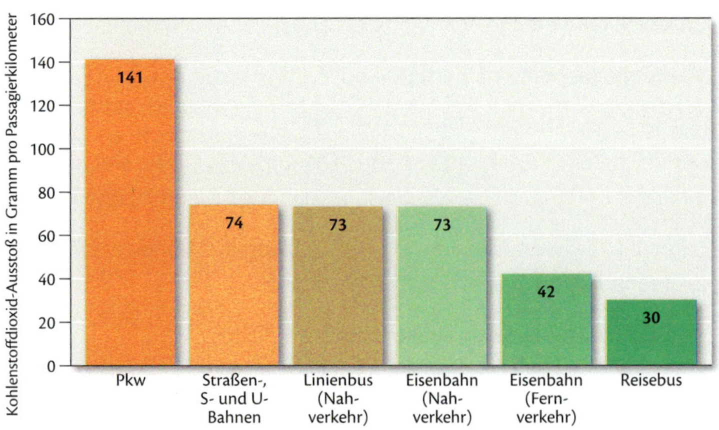

M 2 Verkehrsmittel und ihr Schadstoffausstoß

Verbrauch pro Sitzplatz

Es gehört nur wenig Phantasie dazu, sich vorzustellen, dass ein Flugzeug viel Treibstoff verbraucht. Aber was genau heißt eigentlich „viel"?

Ein Airbus A 380 – gegenwärtig das größte Flugzeug im Personenverkehr – kann bis zu 330 000 Liter Kerosin* an Bord haben. Es kann allerdings auch mehr als 850 Passagiere sowie Gepäck und Fracht befördern. Wichtig ist für die Beurteilung eines **Verkehrsmittels** immer das Verhältnis von Personen und Strecke. In diesem Zusammenhang wird mit **Passagierkilometern*** gerechnet. Vereinfacht gesagt geht es um den Verbrauch eines Verkehrsmittels mit Blick auf die Sitzplätze (bzw. genauer: die beförderten Personen).

Bei den meisten Autofahrten sitzt in Deutschland – statistisch betrachtet – nur eine Person im Wagen. Auf dem Weg zur Arbeit und nach Hause ist das ganz überwiegend so. Bei Freizeitfahrten und Urlaubsreisen mit dem Pkw sind durchschnittlich etwas mehr Insassen im Fahrzeug (nämlich 1,5).

M4 „Betankung" eines Elektroautos

M5 Josephine – wenn eben möglich per Fahrrad unterwegs ...

Aus Treibstoff wird Schadstoff

Übliche Motoren in Autos und Bussen verbrennen den Treibstoff (z. B. Benzin oder Diesel). Dabei entstehen Abgase. Diese Abgase enthalten Gifte und umweltschädliche Bestandteile. Besonders betrachtet wird von Wissenschaftlern gegenwärtig das Gas Kohlenstoffdioxid (Kohlendioxid), weil es sich auf das Klima der Erde ungünstig auswirkt.

Ich bin doch E-Mobil ...

Das Elektroauto (auch: E-Auto, E-Mobil oder Elektromobil) bietet viele Vorteile, wenn man z. B. an dessen Umweltverträglichkeit denkt. Zumindest verbrennt ein E-Mobil keinen Kraftstoff. Das stimmt – und stimmt auch wieder nicht. Denn um ein E-Mobil mit elektrischem Strom zu „betanken", muss irgendwo erst einmal diese Elektrizität bereitgestellt werden. Das erfolgt in Deutschland noch zu einem großen Teil in Kraftwerken, in denen Treibstoffe verbrannt werden.

Nachdenken ist gefragt

Vieles, was auf den ersten Blick einleuchtend wirkt, sieht auf einen zweiten Blick schon wieder schwieriger aus. Wichtig bleibt: Solange man über sein Verhalten nachdenkt, macht man erst einmal grundsätzlich nichts falsch.

M6 Warum nicht mal ein Umweltrap*?

1 Listet gemeinsam (an der Tafel) auf, welche Wegstrecken ihr (im Laufe eines Tages, Monats, Jahres) zurücklegt.

2 Ergänzt in der Liste (Aufgabe 1), welche Verkehrsmittel ihr benutzt bzw. eure Fußwege.

3 Schreibe in einer zweispaltigen Liste die Vorteile und Nachteile verschiedener Verkehrsmittel auf (Text, M1 bis M5).

4 Erläutere den Zusammenhang zwischen Umweltfreundlichkeit und Passagierkilometer (Text, M2).

5 M3 und M5: Denk dir aus, wie Cem und Josephine miteinander reden würden, wenn es um Umwelt und Bequemlichkeit geht.

6 Schreibe den Text für einen Umweltrap, bei dem es um den Verzicht aufs Auto geht (M6).

Müll und Mülltrennung

M 1 **Gut gemacht – oder etwa nicht?**

M 3 **Michael Berger macht sich Gedanken zur Mülltrennung …**

M 2 **Wohin damit? – zwei Klebezettel**

Alles Müll – oder was?

Müll bzw. **Abfall** im engeren Sinne sind Reste, die entstehen, wenn etwas hergestellt oder zubereitet wird. Zum Müll gehören auch Gegenstände (bzw. Produkte), die untauglich geworden sind oder als Verpackung dienten. Eine Zeitung wird nach Gebrauch zum Altpapier … Aber wertlos sind diese Dinge bei weitem nicht.

Eine Trennung, die gut tut

Jede/-r Deutsche verursacht jährlich ungefähr 614 Kilogramm Müll. Dies ist ein statistischer Wert, der die gesamten Abfälle einer Gemeinde (Stadt) umfasst.

Aus Sicht der Umwelt ist der beste Müll derjenige, der gar nicht erst entsteht.

Ist Müll jedoch unvermeidlich, sollte er **getrennt** und **wiederverwertet** werden. So geht der Müll in einen Kreislauf ein und das schont die Umwelt.

Der Kreislauf von Müll bzw. Reststoffen wird auch als **Recycling*** bezeichnet.

***Recycling**
Wort aus der englischen Sprache, das „Wiederverwertung" bedeutet

Was gehört wohin?

Je ordentlicher Müll getrennt wird, desto besser lässt er sich wiederverwerten (recyceln). Das ist beim Thema „Papier" relativ leicht zu machen, dewegen ist hier die Reinheit auch am höchsten. Dass Bücher, Zeitungen und Eierkartons zum **Altpapier** gehören, liegt wohl auf der Hand.

Das Umweltbundesamt klärt darüber auf, dass Tapeten zum Restmüll gehören. Ebenso ist Thermopapier (Kassenzettel, Fahrkarten) kein recyclingfähiges Altpapier. Und auch Papier, das nicht mit einem wasserlöslichen Kleber versehen ist, soll nicht in den Altpapiercontainer.

Auslöffeln statt auswaschen

Soll ich meinen Jogurtbecher auswaschsen, bevor ich ihn entsorge? Nein, raten die Fachleute vom Umweltbundesamt. Denn das hierfür verwendete Spülmittel würde das Abwasser unnötig belasten. Besser ist es, den Becher gut auszulöffeln.

M4 Was gehört in welchen Container?

M5 Aus Altpapier hergestellt: z. B. Toilettenpapier

1 Biomüll
2 Altpapier
3 Kunststoff
4 Altglas
5 Blechdosen
6 Elektromüll
7 Restmüll

M6 Container in M4

Viel zu kostbar für die Tonne

In Deutschland werden 313 Kilogramm genießbare Nahrungsmittel weggeworfen – und zwar in jeder Sekunde.

Die Nahrungsabfälle kommen auf verschiedene Art und Weise zustande. Da schließt beispielsweise am Abend eine Bäckerei, obwohl noch in vielen Regalen frisches Brot liegt. Das „wandert" dann in den Müll (manchmal in eine Müllverbrennungsanlage). In einem anderen Fall bleibt in einem Restaurant auf einem Teller eine Menge Essen liegen. Auch das muss die/der Gastwirt/-in vernichten.

Vier Zehntel aller Nahrungsabfälle in Deutschland wirft der Endverbraucher in die Tonne. Dafür gibt es eine Reihe unterschiedlicher Gründe.

1 Erkläre den „Kreislauf von Müll" (Text).

2 Beantworte die Frage, die in der Bildunterschrift von M1 steht, mit einer guten Begründung.

3 Du kannst mithilfe des Textes auch eine Antwort auf M2 geben. Welche Antwort wäre zutreffend?

4 Nimm Stellung zu M3.

5 Arbeitet in der Klasse zusammen: Ordnet den Müll in M4 (A bis S) mithilfe von M6 richtig zu.

6 Finde (ohne Toilettenpapier) fünf Produkte, die recycelt werden/wurden (M5).

7 Denkt euch in Gruppen Möglichkeiten aus, wie weniger Nahrungsmittelabfälle entstehen könnten. Vergleicht eure Ergebnisse.

8 Skizziere einen kurzen Werbefilm fürs Fernsehen, weshalb Mülltrennung wichtig ist und was man selbst dafür tun kann.

Das kann ich …

M1 Achtung …

✓ Erdbeben
✓ Vulkanausbruch
✓ Erdplatte
✓ Magma
✓ Lava
✓ Windkraftanlage
✓ Krater
✓ Faltengebirge
✓ Verwitterung
✓ Gesteinskreislauf
✓ Raumnutzungskonflikt
✓ Recycling
✓ Mülltrennung
✓ Müllvermeidung
✓ erdäußere Kräfte

M4 Wichtige Begriffe aus dem Kapitel 4

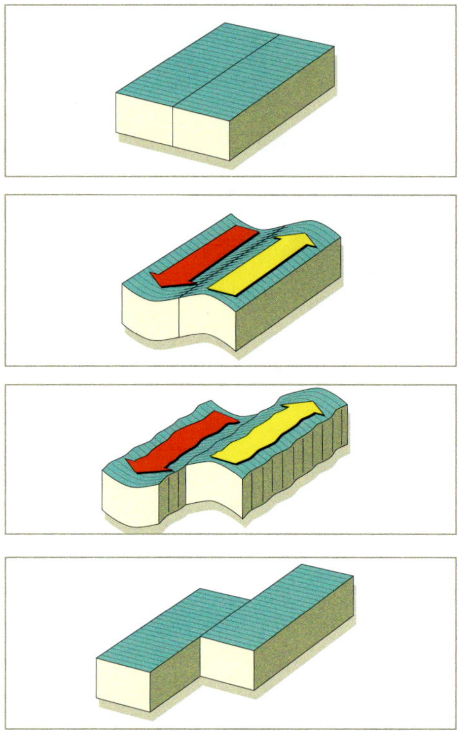

M5 Ganz schön spannend …

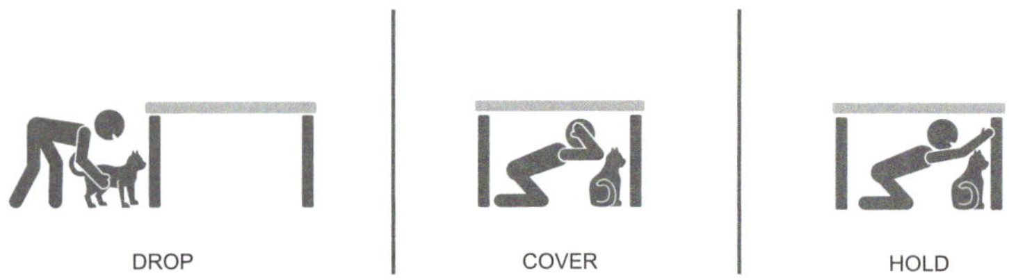

M2 An einer ausländischen Hoteltür fotografiert …

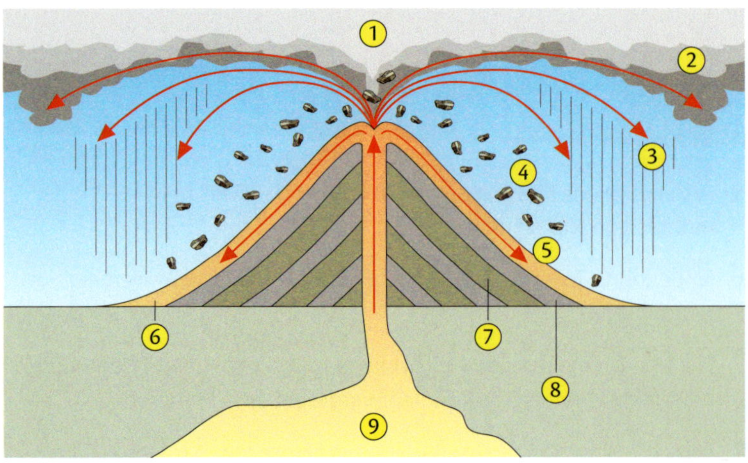

M3 Ein Schichtvulkan

M6 Wir lieben die Stürme …

M7 Am Busbahnhof

M9 Müll trennen – besser noch: vermeiden …

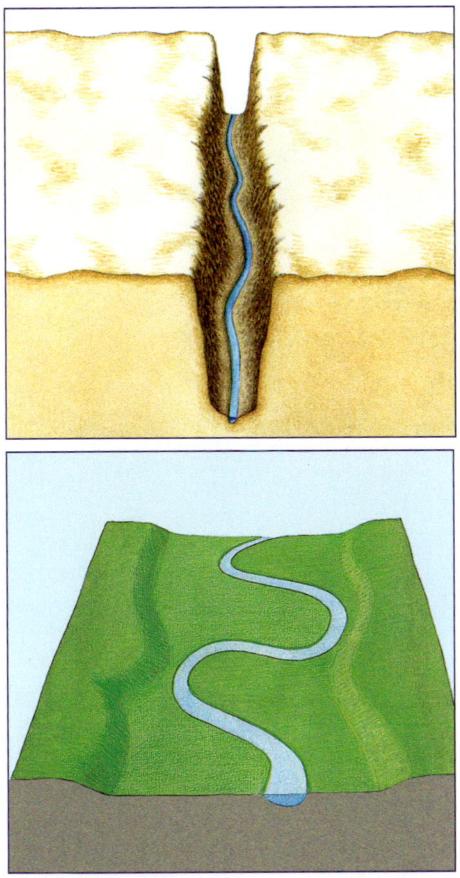

M8 Fließend …

1 Gib die Bedeutung der wichtigen Begriffe dieses Kapitels wieder (M4).

2 M1: Achtung … Wovor warnt das Schild?

3 M2 wurde von einem Hotelgast fotografiert. Stelle Vermutungen an, wohin die Reise gegangen sein könnte. Was zeigt die Grafik?

4 Ergänze die Beschriftung von M3 in deinem Arbeitsheft.

5 Erläutere M5.

6 Erkläre mithilfe von M6 die günstigsten Standorte für Windkraftanlagen in Deutschland.

7 „Wenn schon eine Reise, dann bitte mit dem Bus." – Nimm Stellung zu dieser Aussage.

8 M8: Was erkennst du in den beiden Abbildungen?

9 Halte mithilfe von M9 einen kurzen Vortrag zum Thema „Müll".

5 Naturräumliche und politische Strukturen in Deutschland und Bayern

Über den Wolken … sieht man nichts von der Erdoberfläche. So etwas hast du vielleicht sogar schon selbst einmal auf einer Flugreise erlebt. Auf einen Flug über Deutschland – mit bester Sicht – von Nord nach Süd wirst du gleich zu Beginn dieses Kapitels mitgenommen. Du lernst die Bundesrepublik Deutschland und den Freistaat Bayern genauer kennen.

Außerdem erfährst du etwas über den Borkenkäfer im Dienst des Umweltschutzes – obwohl er sonst als Schädling gefürchtet ist.

Am Ende des Kapitels wird es zuckersüß. Warum denn das? Das wirst du auf deinem Weg durch Kapitel vier noch früh genug herausfinden.

Genieße hier doch am besten schon einmal den weiten Blick in die Ferne – von bayerischen Bergen nach Norden. Ist die See schon in Sicht? Oder siehst du nur den See?

Vom Meer bis ins Hochgebirge – Deutschlands Großlandschaften

M 1 Die Großlandschaften Deutschlands

M 3 An der Nordsee (Insel Amrum)

M 5 Lindau (Bodensee)

M 4 Der Brocken im Harz

M 6 Die Zugspitze

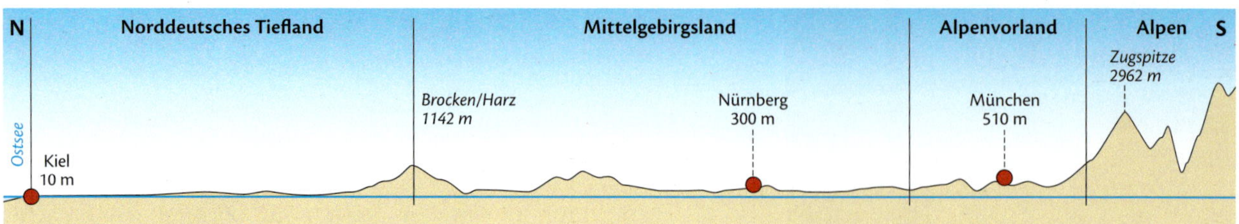

M 2 Nord-Süd-Profil durch Deutschland

Ein Pilot schildert seine Eindrücke von einem Flug über Deutschland

Ab in den Süden ...

Wir starten in Kiel und lassen die Ostsee hinter uns. Nach dem Start treffen wir zunächst auf ein sehr flaches Land, von dem einige Teile sogar unter dem Meeresspiegel liegen.
Das **Norddeutsche Tiefland** erreicht an der höchsten Stelle gerade einmal 200 Meter. Deshalb können wir einigermaßen tief über die sattgrünen Wiesen, Felder und Seen schweben.

„Achtung: Hochziehen ...!"

... ruft mein Copilot mir zu. Wir treffen nun auf die **Deutschen Mittelgebirge**. 1500 Meter ragen manche bewaldeten Berge in die Höhe. Flüsse haben in diesem Teil Deutschlands breite Täler in die Landschaft geschnitten.

Auf und nieder, immer wieder!

Ab der Donau werden die flachwelligen Hügel gleichmäßig. Die Sonne spiegelt sich in den Seen, die ich weit über das **Alpenvorland** verteilt erblicken kann. Am Horizont kann ich bereits hohe Berge entdecken.

Spitze, dieser Ausblick!

Nach einer Schleife über den **Alpen** endet unser abwechslungsreicher Flug. Ein letzter atemberaubender Blick trifft auf den höchsten Berg dieses Hochgebirges: die Zugspitze.

M7 Oberflächenformen und Flüsse in Deutschland

1 Verfolge den Flug über Deutschland vom Start bis zur Landung (Text): Zeige die Positionsangaben des Piloten auf der Karte M7.

2 Ordne die vier Bilder M3 bis M6 den vier Textabschnitten im Reisebericht des Piloten und den Großlandschaften in M1 und M2 zu.

3 Beschreibe die geographische Lage der Großlandschaften Deutschlands in M1 und M2 (→ **Wir beschreiben die Lage eines Ortes**, S. 16/17).

4 Bearbeite die stumme Karte M7: Nenne die Gebirge (A bis V).

5 Stell dir vor, du wärest nun Pilot/-in und würdest den Rückflug von München nach Kiel unternehmen: Informiere deine Passagiere an Bord über deinen Blick auf die Großlandschaften, die du überfliegst. Beginne so: „Wir sind gerade in München gestartet ..."

Bayerns Großlandschaften

M 1 Endlich wieder Winter!

M 2 Mit dem Mountainbike auf Tour …

Ich wohne jetzt seit einem Jahr in *chchchchch*. Ich liebe meine Stadt. Sie befindet sich gleich an zwei Flüssen, *chchchchch* und *chchchchch*. Wir müssen nicht lange nach Osten fahren und sind schon im *chchchchch*. Aber auch in die entgegengesetzte Richtung treffe ich auf ein großes Mittelgebirge, die *chchchchch* Alb. Gelegentlich fahre ich Richtung Süden mit der Bahn und erledige in *chchchchch* meine Einkäufe. Wie geht es dir denn so?

Abwechslung in Bayern

Bayern kann aufgrund seiner Größe ein abwechslungsreiches Aussehen vorweisen: Drei der vier Großlandschaften Deutschlands prägen die Vielfalt der Landschaft, wodurch unser Bundesland auch für Touristen sehr interessant ist.

Egal ob Wander- oder Fahrradtouren in den Mittelgebirgen, Skiurlaub im Winter in den Alpen, entspanntes Sonnenbaden an einem der vielen Seen im Alpenvorland oder Besichtigungen der teils mittelalterlichen Städte sowie alten Burgen und Schlösser – nahezu jede/-r kommt hier auf ihre/seine Kosten.

Ich bin gegenwärtig im Urlaub im *chchchchch*. Es ist sehr schön hier, auf dem Weg von Augsburg hierher machten wir kurz Pause in Würzburg. Dann radelten wir in Richtung Nordwesten den Main entlang und waren auch bald schon angekommen. Ein Teil dieses Mittelgebirges liegt in Hessen. Nordöstlich von uns befindet sich die *chchchchch* und im Westen die Stadt *chchchchch*. Hier fließt der Main weiter nach Hessen.

M 3 Am Chiemsee

M4 **Oberflächenformen und Gewässer in Bayern**

M6 **Die Mainschleife bei Volkach**

M7 **Reiturlaub**

M5 **Wanderung im Bayerischen Wald**

1 Nenne die drei Großlandschaften Deutschlands, an denen Bayern einen Anteil hat. Zeige sie auch auf der Karte (M4).

2 Ordne die Bilder M1 bis M3 und M5 bis M7 – wenn möglich – den Großlandschaften zu und zeige deren Lage in der Karte (M4).

3 Lies das Telefonat auf der Seite 96. Der Empfang ist schlecht, die beiden verstehen nicht alles, was gesagt wird. Finde heraus, wo sich die beiden Freunde befinden und was sie alles sehen können (M4).

4 Sucht euch Orte auf einer physischen Bayern- oder Deutschlandkarte im Atlas heraus. Führt mit einer/einem Mitschüler/-in ebenso ein Telefonat. Findet heraus, wo sich die/der andere befindet.

5 Plane eine Fahrradtour von Passau nach Würzburg. Welche Strecke wählst du, wenn du mit dem Fahrrad unterwegs bist? Begründe.

METHODE

Wir zeichnen eine Kartenskizze

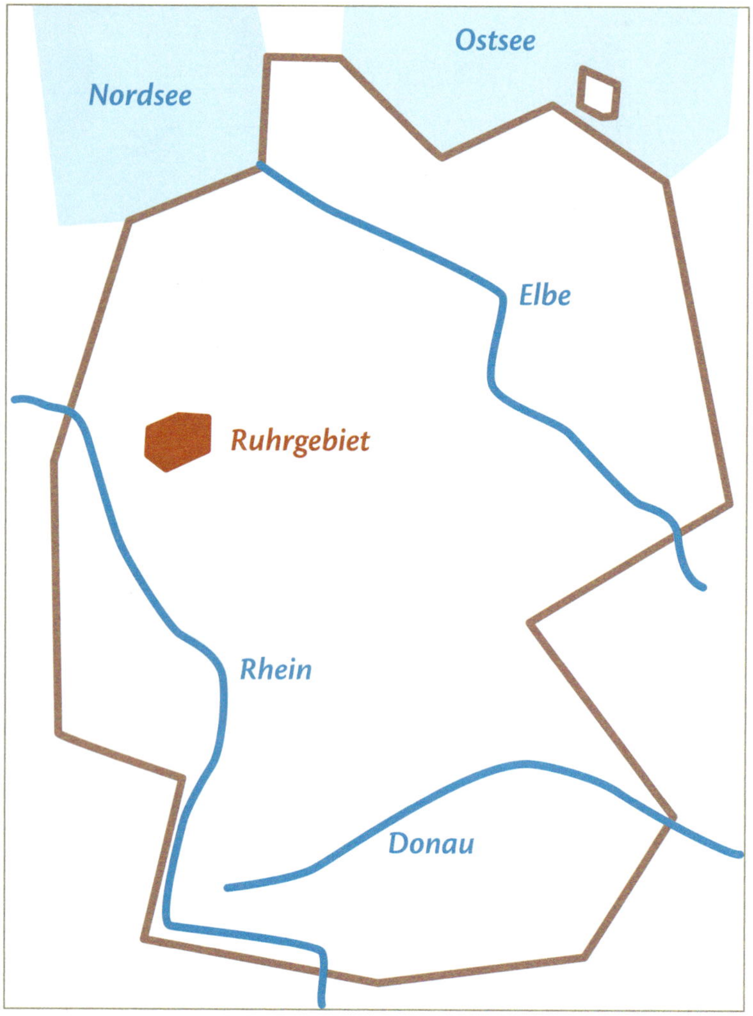

M 1 Kartenskizze von Deutschland mit der Lage des Ruhrgebiets

Die Kartenskizze

Nicht immer benötigen wir für die eigenen Zwecke eine genaueste Karte mit vielen Einzelheiten. Manchmal ist eine einfache Kartenskizze sogar sinnvoller.

Beispielsweise ist eine Kartenskizze nützlich, wenn nur die geographische Lage von Objekten dargestellt und verdeutlicht werden soll. In unserem Beispiel (M1) ist es das Ruhrgebiet mit seiner geographischen Lage im Nordwesten Deutschlands.

Freihändiges Zeichnen

Zeichnerisch besonders begabte Schülerinnen und Schüler können eine Umrissskizze „aus der freien Hand“ anfertigen. Sie prägen sich beispielsweise nur eine Umrisslinie gut ein und bringen sie dann ohne weitere Hilfsmittel auf das Papier.

Zeichnen mit Hilfsmitteln

Wer es gern möchte, kann mit Transparentpapier oder Folie arbeiten. Bei dieser Technik wird das Transparentpapier bzw. die Folie zunächst auf eine ausgedruckte Karte gelegt.

Damit das Papier (die Folie) beim Hochzeichnen nicht verrutscht, kann es hilfreich sein, an den Blatträndern Büroklammern aufzustecken.

Mit einem nicht zu dicken Stift wird anschließend entlang der Grenze der grobe Verlauf nachgezeichnet.

Das Anfertigen einer Kartenskizze erlaubt es, bei der Linienführung „großzügig“ zu sein.

Zum Schluss werden gegebenenfalls noch größere Flüsse und Städte eingezeichnet. Das hängt vom Verwendungszweck ab.

M2 Zeichnen einer einfachen Weltkarte

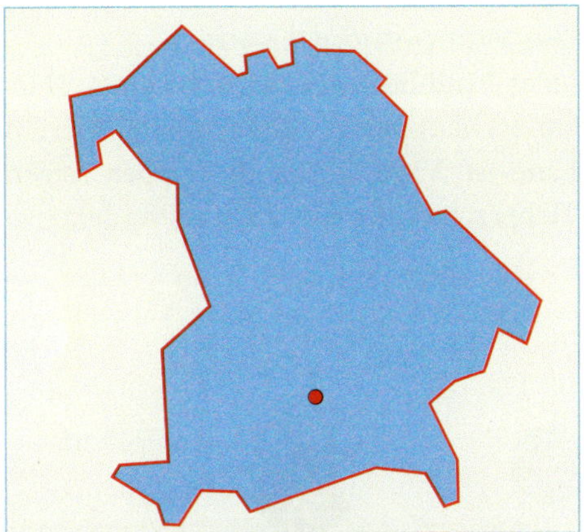

M3 Einfache Kartenskizze von Bayern

M5 Kleinteilige Umrissskizze einer Weltkarte

- ✔ Wir suchen eine Kartenvorlage, die ungefähr die Größe hat, die wir benötigen. (Wenn die Größe nicht unserem Wunsch entspricht, kann auf einem Kopierer vergrößert oder verkleinert werden.)
- ✔ Wir legen Transparentpapier oder Folie auf die Karte und zeichnen ab.
- ✔ Wir zeichnen wenige markante Einzelheiten ein (z. B. größte Flüsse und Städte).

M4 Checkliste für Kartenskizzen

1 Fasst die Merkmale einer Kartenskizze kurz mündlich zusammen.

2 Erläutert die Entstehung der Kartenskizzen M1 und M3.

3 Vergleicht die Umrissskizzen einer Weltkarte in M2 und M5. Wie unterscheiden sie sich voneinander? Welche Darstellung kommt einer Kartenskizze näher?

4 Fertigt eine eigene Kartenskizze von Deutschland an. Verwendet dazu die Checkliste M4.

Deutschland – ein Bund vieler Länder

Land	Fläche (in km²)	Einwohner (in Mio.)
Baden-Württemberg	35 751	10,7
Bayern	70 549	12,4
Berlin	891	3,3
Brandenburg	29 477	2,5
Bremen	404	0,6
Hamburg	755	1,7
Hessen	21 114	6,0
Mecklenburg-Vorpommern	23 174	1,7
Niedersachsen	47 618	8,0
Nordrhein-Westfalen	34 089	18,0
Rheinland-Pfalz	19 847	4,0
Saarland	2 568	1,0
Sachsen	18 413	4,2
Sachsen-Anhalt	20 445	2,4
Schleswig-Holstein	15 763	2,8
Thüringen	16 172	2,3
Deutschland	**357 030**	**82,5**

M1 Deutschland in Zahlen

Die Bundesrepublik Deutschland

Die Bundesrepublik Deutschland ist ein Zusammenschluss einzelner Länder.

Insgesamt besteht die Bundesrepublik Deutschland (oder kurz nur: Deutschland) aus 16 **Ländern** (Bundesländern) mit jeweils einer eigenen Landeshauptstadt.

Drei Bundesländer werden auch **Stadtstaaten** genannt. Sie stellen gleichzeitig eine Stadt und ein eigenes Bundesland dar. Sie sind sozusagen „ihre eigenen Landeshauptstädte".

Die Bundeshauptstadt ist Berlin. Hier befinden sich der Sitz der Bundesregierung sowie der Bundesministerien.

Die Wappen der Länder

Jedes Land hat ein eigenes Wappen. Darauf ist dargestellt, was „typisch" für ein Land ist. Viele der Landeswappen zeigen Tiere (z. B. Adler, Löwen und Pferde).

M2 Die Wappen der deutschen Länder

M3 Die deutschen Länder

M5 Die Flagge der Bundesrepublik Deutschland

M6 Das Wappen der Bundesrepublik Deutschland

M4 Viel Arbeit in der Regierungshauptstadt

1 Erkläre den Begriff „Bundesrepublik Deutschland" (Text).

2 Liste die Namen der 16 Hauptstädte der Länder auf (M3).

3 Ordne die Tabelle (M1) zweifach: erstens nach Größe, zweitens nach der Einwohnerzahl.

4 Nenne die Namen der fünf Bundesländer, die in M2 weggelassen wurden.

5 Finde mithilfe von M3 heraus, welche deutschen Länder an europäische Staaten grenzen und benenne sie sowie ihre „Nachbarn".

Bayerns politische Gliederung

M2 Die Bayerische Staatskanzlei, Sitz der bayerischen Regierung

***Monarch**
Alleinherrscher, meist ein König oder Fürst

Hinweis:
Bitte nicht in das Buch schreiben.

M3 Autokennzeichen – in Bayern

	Einwohner	Fläche (in km²)
Oberpfalz	1 081 000	9 691
Oberfranken	1 083 000	7 231
Mittelfranken	1 712 000	7 244
Oberbayern	4 346 000	17 529
Schwaben	1 786 000	9 992
Niederbayern	1 189 000	10 330
Unterfranken	1 327 000	8 531

M1 Bayern in Zahlen – Regierungsbezirke, Einwohner und Flächen

Bayerns Verwaltungsgliederung

Der **Freistaat Bayern** ist das größte Bundesland Deutschlands (Fläche). Die Bezeichnung stammt aus dem 19. Jahrhundert. „Freistaat" bedeutet: ein unabhängiger, von einem Monarchen* geführter Staat. Neben Bayern tragen die Länder Sachsen und Thüringen die Bezeichnung „Freistaat" in ihrem Namen.
Bayerns Landeshauptstadt ist **München** (zugleich die größte Stadt Bayerns). Hier befindet sich der Sitz der bayerischen Regierung (in der Staatskanzlei).

Damit viele regionale Entscheidungen schnell getroffen werden können, ist der Freistaat in sieben Regierungsbezirke unterteilt. Das Bayerische Staatswappen enthält die Wappen der einzelnen Bezirke.

Ein Regierungsbezirk ist wiederum in mehrere Landkreise unterteilt, deren Namenskürzel meist auf den Nummernschildern von Autos zu sehen sind.

M4 Die politische Gliederung des Freistaates Bayern

M5 Das Bayerische Staatswappen

1 Ordne in der Tabelle M1 die Regierungsbezirke nach ihrer Größe und ergänze die Regierungssitze der Bezirke (M4).

2 Finde in der Karte M4 deinen Regierungsbezirk. Beschreibe seine geographische Lage in Bayern (→ **Wir beschreiben die Lage eines Ortes**, S. 16/17).

3 M3: Denk dir dein (lustiges, schönes ...?) Autokennzeichen aus. Verwende dafür nur Abkürzungen, die es tatsächlich in Bayern gibt.

Deutschland ist schützenswert!

M 1 Nationalparkranger* mit einer Informationstafel zum Bundesnaturschutzgesetz

M 2 Ausgewählte Schutzgebiete in Deutschland

Deutsche Naturschutzgebiete

Bereits vor fast zweihundert Jahren (nämlich 1836) bemühte sich Deutschland um die Erhaltung schützenswerter Gebiete. Erste Naturdenkmäler und Pflanzenschongebiete wurden ausgezeichnet.

***BNatSchG**
Abkürzung für: „Bundesnaturschutzgesetz"

Der heute übliche Begriff „Naturschutzgebiet" wurde erstmals 1920 erwähnt und führte bis heute zu einem Flächenanteil von bis zu vier Hundertstel der Gesamtfläche Deutschlands.

Verschiedene Schutzgebiete

Viele weitere Namen gibt es in Deutschland für die schützenswerten Gebiete. Die gebräuchlichen Bezeichnungen sind: das **Biosphärenreservat**, das **Vogelschutzgebiet** und der **Naturpark.** Bei jedem dieser Begriffe geht es um eine andere Art von Schutz.

In einem **Nationalpark** ist die Nutzung durch den Menschen besonders streng geregelt. Beispielsweise in der **Kernzone** eines Nationalparks (das ist der innerste Bereich) ist ein Eingriff durch den Menschen nahezu vollständig untersagt.

Besucherinnen und Besucher dürfen diese Parks nur auf den dafür vorgesehenen Wegen besichtigen.

M3 Leuchtturm am Ellenbogen von Sylt*

***Nationalparkranger**
„Ranger" ist ein Wort aus der englischen Sprache; es bedeutet so viel wie „Schutzgebietsbetreuer/-in"; Ranger sind hauptsächlich verantwortlich für den Naturschutz, die Landschaftspflege und die Besucherbetreuung in einem Nationalpark.

***Ellenbogen von Sylt**
der nördlichste Teil der Insel Sylt

***UNESCO**
(United Nations Educational, Scientific and Cultural Organization) Organisation der Vereinten Nationen für Erziehung, Wissenschaft und Kultur

Der Nationalpark Schleswig-Holsteinisches Wattenmeer

Der **Nationalpark Schleswig-Holsteinisches Wattenmeer** ist der größte Nationalpark in Deutschland. Zusammen mit den angrenzenden Nationalparks Niedersächsisches Wattenmeer und Hamburgisches Wattenmeer nimmt er rund acht Zehntel der Gesamtfläche aller Nationalparks in Deutschland ein. Es handelt sich dabei fast vollständig um Wasserflächen.

Ebbe und Flut

Innerhalb von ungefähr 25 Stunden gibt es an der Nordsee große Wasserstandsänderungen: Ebbe und Flut (Gezeiten). Am Ende der Flut wird der Höchststand des Wassers erreicht (Hochwasser). Danach sinkt der Wasserspiegel etwa sechseinhalb Stunden bis zum Niedrigwasserstand (Ebbe). Ungefähr sechseinhalb Stunden später ist infolge des zuströmenden Wassers (Flut) wieder ein Hochwasserstand erreicht.

Das Wattenmeer

Der freigelegte Meeresboden an der Nordseeküste wird „Watt" genannt. Das gesamte Gebiet heißt **Wattenmeer.** Im Wattenmeer ist bei Niedrigwasserstand über viele Kilometer der flache Meeresboden zu sehen. In ihm enthalten sind äußerst viele Lebewesen. Diese Vielfalt im Wattenmeer übertrifft sogar die des tropischen Regenwaldes. Das Wattenmeer ist als UNESCO*-Weltnaturerbe eines der bedeutendsten Schutzgebiete der Welt.
Parkranger und viele weitere Mitarbeiter des Nationalparks bieten spezielle Wanderungen durch das Watt an.

1 Stell dir vor, du wärest Nationalparkranger: Gib mit deinen Worten den Text der Informationstafel in M1 so wieder, dass er leicht verständlich ist.

2 Nenne mithilfe von M2 jeweils zwei Nationalparks, zwei Biosphärenreservate und zwei Naturparks in Deutschland (→ **Wir lesen eine Karte**, S. 18/19).

3 Erkläre den Begriff „Wattenmeer". Verwende bei deiner Erklärung die Begriffe „Ebbe" und „Flut".

4 Erläutere, warum das Wattenmeer als ein UNESCO-Welterbe ernannt worden ist.

5 Zeige die Insel Sylt auf der physischen Karte vorn im Buchdeckel (→ **Wir lesen eine Karte**, S. 18/19).

Umweltschutz in Bayern

M 1 Ein Borkenkäfer

M 2 Totholz* in der Kernzone

***Totholz**
abgestorbene Bäume und Sträucher (oder Teile davon; z. B. Stamm, Äste, Zweige)

M 4 St. Bartholomä am Königssee

M 5 Die Watzmanngruppe

M 3 Die Zonen des Nationalparks Berchtesgadener Land

Naturschutzgebiete in Bayern

Der **Umweltschutz** hat in Bayern einen hohen Stellenwert. Es ist eine der Aufgaben der bayerischen Regierung, die Natur zu bewahren oder, wenn nötig, wieder herzustellen. Besonders geschützt sind die Flächen in den beiden bayerischen Nationalparks Berchtesgadener Land und Bayerischer Wald.

Der Nationalpark Berchtesgadener Land

Mit seiner Fläche von rund 200 Quadratkilometern (das ist etwa zwei Drittel der Fläche Münchens) zählt der Nationalpark Berchtesgadener Land nicht zu den großen Nationalparks der Erde.
Er gehört jedoch aufgrund seiner landschaftlichen Besonderheit wohl ohne Zweifel zu den schönsten Nationalparks.
Im Gebiet des Nationalparks Berchtesgadener Land liegen der Königssee und der Watzmann. Der Watzmann ist mit seinen 2713 Metern (ü. NN) die höchste Erhebung des Nationalparks.

Naturschutz im Nationalpark

Der Schutz der gesamten Natur steht im Nationalpark Berchtesgadener Land an erster Stelle: Alle Tiere, Pflanzen und Lebensräume sind im Nationalpark geschützt.
In weiten Bereichen des Nationalparks bleibt „die Natur“ sich selbst überlassen. Der Mensch hält sich sehr zurück und verzichtet auf Eingriffe in die Natur.
Es kann allerdings nicht die vollständige Nationalparkfläche sich selbst überlassen werden.
Nutzungen des Raumes, die der Mensch dort schon seit Jahrzehnten und Jahrhunderten vorgenommen hat, sollen weiterhin erlaubt sein. Um dies zu ermöglichen, wurde der Nationalpark in verschiedene Schutzzonen aufgeteilt.

Die Zonen des Nationalparks

Der Nationalpark Berchtesgadener Land ist in zwei Zonen unterteilt: die **Kernzone** und die **Pflegezone**. Die Pflegezone ist noch einmal geteilt in einen dauerhaften (permanenten) und eine zeitlich begrenzten (temporären) Teil.

Die Kernzone

Die Natur in der Kernzone bleibt weitestgehend sich selbst überlassen. Für einen Eingriff durch den Menschen müssen zwingende Gründe vorliegen. Beispielsweise werden umgestürzte Bäume hier nicht entfernt. Sie dienen als wichtiger Lebensraum von Insekten und Pflanzen. Selbst der Borkenkäfer, ein ansonsten gefürchteter Schädling in der Landwirtschaft, wird in der Kernzone nicht bekämpft.

Die Pflegezone

In der dauerhaften Pflegezone sind Almwirtschaft und Fischerei erlaubt. So soll eine Landschaft erhalten bleiben, wie es sie schon lange (traditionell) gibt.

In der zeitlich begrenzten Pflegezone sind für eine Dauer von **zehn Jahren** vorbereitende Maßnahmen durch Menschenhand erlaubt. Danach sollen auch diese Flächen in die Kernzone überführt werden.

Landwirtschaft und Umweltschutz im Nationalpark

Die Einbindung der Landwirtschaft stößt aufgrund einiger strenger Regelungen im Nationalpark an ihre Grenzen.

Beispielsweise werden für den Viehtrieb der Rinder Wege benötigt. Auch landwirtschaftliche Fahrzeuge müssen die Almen erreichen können. Neue Wege in Nationalparks dürfen allerdings nur unter strengen Bedingungen errichtet werden. Die zulässige Breite reicht für die großen Maschinen der Landwirte jedoch nicht immer aus. Daraus ergibt sich ein Raumnutzungskonflikt.

M 6 Almwirtschaft – in der Pflegezone erlaubt, aber auch erwünscht

M 7 Meinungsäußerung eines Almlandwirtes

1 Schreibe einen kurzen „Steckbrief" über den Nationalpark Berchtesgadener Land (Text, M3 bis M5).

2 Zeige auf der Karte M3 die beiden Schutzzonen im Nationalpark Berchtesgadener Land (→ **Wir lesen eine Karte**, S. 18/19).

3 Erläutere den Unterschied zwischen Kernzone und Pflegezone.

4 Erkläre, warum sogar der Borkenkäfer im Nationalpark Berchtesgadener Land ein „willkommener" Bewohner ist (Text, M1 und M2).

5 Lies den Kommentar des Almlandwirtes (M7). Verdeutliche mit deinen eigenen Worten, was ihn bedrückt. Beziehe bei deiner Verdeutlichung auch M6 ein.

6 Informiere dich darüber, was passiert, wenn es im Nationalpark zu viele Borkenkäfer gibt. Berichte deiner Klasse zu diesem Thema.

Zuckerrübe und Zuckererzeugung

M 1 Ist sie nicht süß, die Zuckerrübe?

M 3 Computergesteuerte Landwirtschaft – auch beim Zuckerrübenanbau

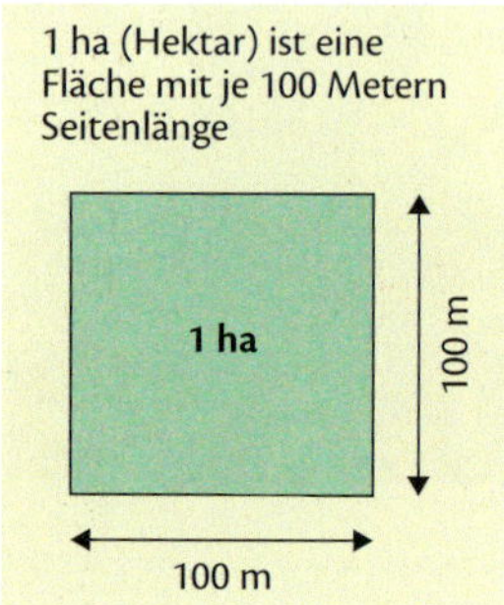

M 2 Ein Hektar

Die Zuckerrübe

Die Zuckerrübe ist eine Pflanze, die durch menschliche Einwirkungen entstand (Kulturpflanze). Mit der Zuckerrübe sind die Futterrübe und die Rote Bete verwandt (ebensfalls Kulturpflanzen).

Wie schon ihr Name vermuten lässt, enthält die Zuckerrübe viel Zucker. Mit einem Fünftel ihres Gewichtes ist sie in Bezug auf den Zuckergehalt in Europa Spitzenreiter. Keine andere Pflanze kann so viel Zucker produzieren.

Schwankende Erträge

In Deutschland werden auf einer Anbaufläche von einem Hektar Zuckerrüben für ungefähr zehn Tonnen Zucker geerntet.

Bei der Zuckerrübe schwanken die Erträge allerdings stark – von Anbauregion zu Anbauregion und von Jahr zu Jahr. Die Zuckerrübe benötigt für ihr Wachstum im Sommer viel Sonnenschein, aber auch ausreichende Regenmengen. Wenn es zu wenig regnet, ist der Zuckerertrag pro Hektar nur gering.

Ganz schön anspruchsvoll …

Da die Zuckerrübe hohe Anforderungen an den Boden und das Klima stellt, kann sie nicht überall angebaut werden. Nährstoffreiche lockere Böden mit einer guten Wasserversorgung sind der Zuckerrübe am liebsten. Wenn dann noch viel Sonnenschein hinzukommt, wächst die Zuckerrübe besonders gut.

Sonnenschein kann der Landwirt nicht erzeugen. Aber er kann mit Bewässerung nachhelfen, wenn zu wenig Niederschläge fallen. Auch in der Landwirtschaft hilft die Computertechnologie bei der Erzielung möglichst hoher und guter Erträge.

Von der Aussaat bis zur Fabrik

Wenn im März die Bodentemperatur fünf Grad Celsius erreicht hat und der Boden trocken ist, wird ausgesät.

Mitte September beginnt die Erntezeit. Die Zuckerrübe hat dann ein Gewicht von etwa 700 bis 1300 Gramm erreicht. Sie muss schnellstens in die Fabrik.

M4 Anlieferung in der Zuckerfabrik

Aus der Rübe in den Riegel ...

Nach der Ernte verliert die Zuckerrübe schnell ihren Zuckergehalt. Deswegen ist Eile geboten. In den Monaten September bis Dezember arbeiten die meisten Zuckerfabriken infolgedessen oft 24 Stunden ununterbrochen.

Pro Kopf werden in Deutschland jährlich rund 33 Kilogramm Zucker verbraucht. Dabei ist allerdings nicht nur der weiße Zucker in Tüten und Würfeln berücksichtigt, sondern auch der in Lebensmitteln verarbeitete Zucker. In einem 50-Gramm-Schokoriegel stecken beispielsweise mehr als zehn Zuckerwürfel.

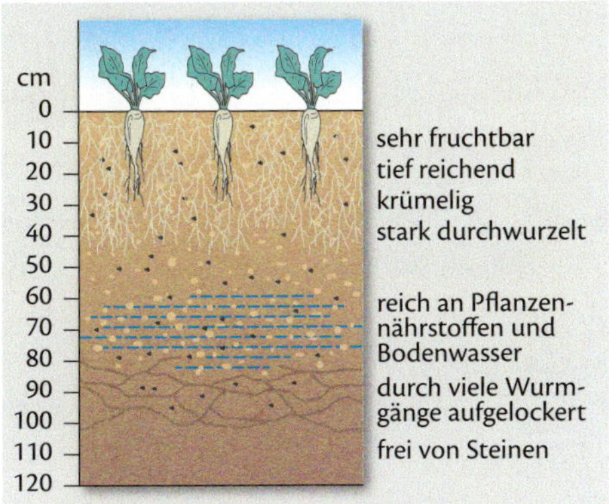

M5 Merkmale des guten Bodens

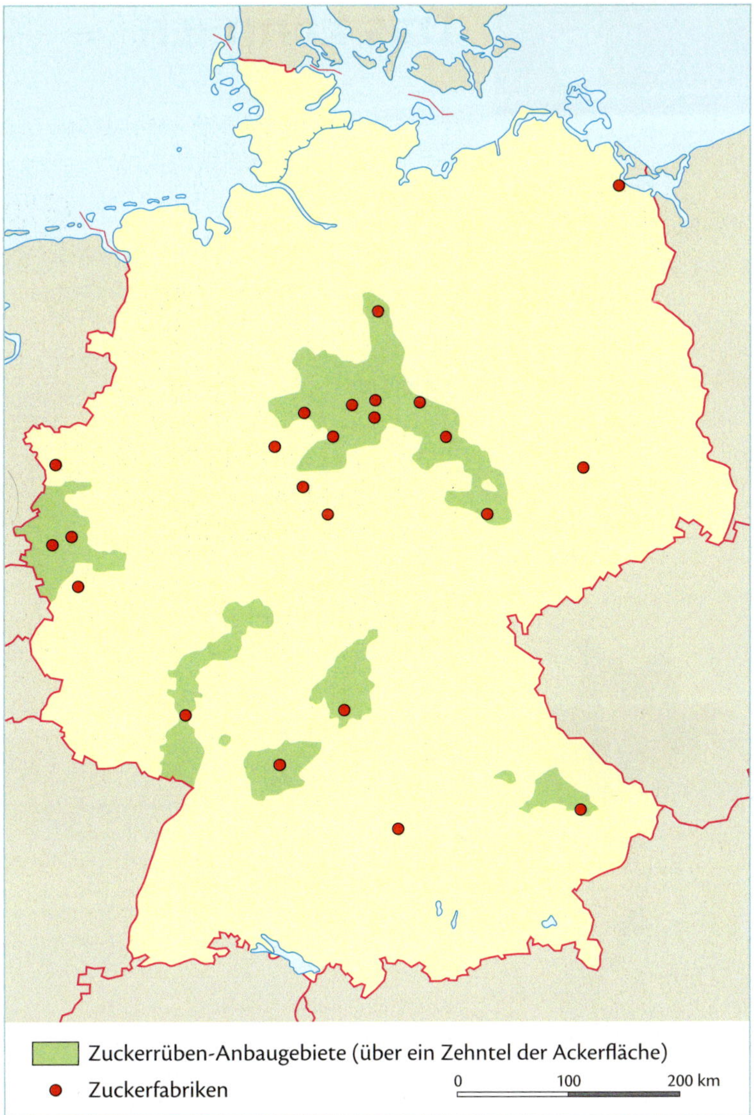

M6 Zuckerrübenanbaugebiete in Deutschland

1 Verfasse einen stichwortartigen kurzen Text zu den Merkmalen der Zuckerrübe (Text, M1).

2 Zeige auf der Karte M6 die größten Zuckerrübenanbaugebiete in Deutschland (→ **Wir lesen eine Karte**, S. 18/19).

3 Erläutere die Bedingungen, die für den Anbau von Zuckerrüben erfüllt sein müssen (Text, M3 und M5).

4 Erkläre, warum es zu schwankenden Erträgen kommt (Text).

5 Liste fünf Lebensmittel auf, die Zucker enthalten.

6 Beurteile die wirtschaftliche Bedeutung des Zuckeranbaus in Deutschland.

Das kann ich …

M 1 Nord-Süd-Profil durch Deutschland

M 2 Zuckerrübe

- ✓ Norddeutsches Tiefland
- ✓ Deutsche Mittelgebirge
- ✓ Alpenvorland
- ✓ Alpen
- ✓ Bundesland
- ✓ Stadtstaat
- ✓ Regierungsbezirk
- ✓ Schutzgebiet
- ✓ Nationalpark
- ✓ Kernzone
- ✓ Pflegezone

M 3 Wichtige Begriffe aus dem Kapitel 5

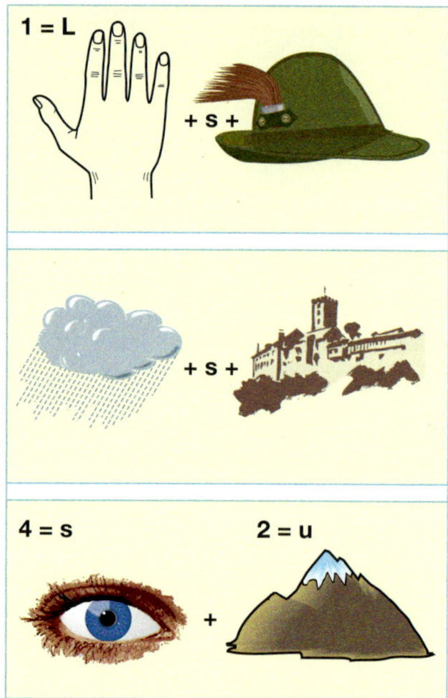

M 5 Drei Städte in Bayern

M 4 Milcherzeugung im Nationalpark – und was man Leckeres daraus machen kann

Deutschland-Puzzle

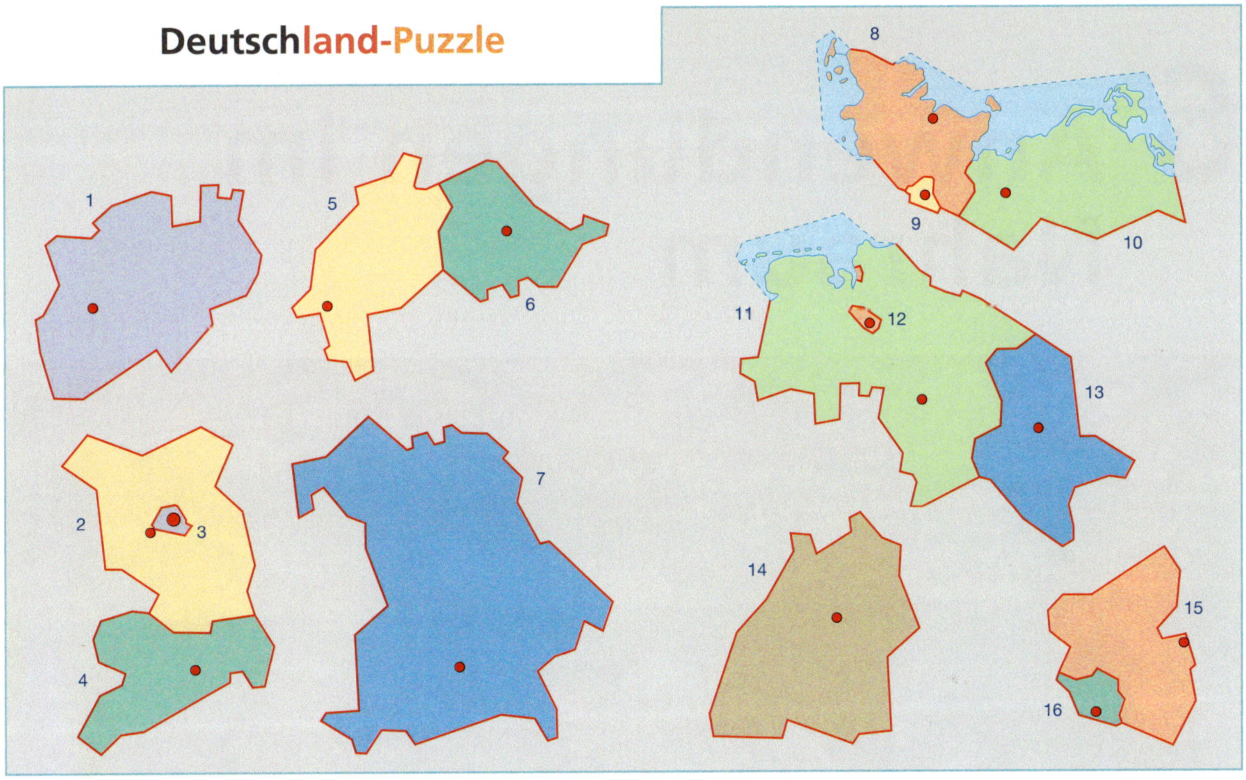

M6 Länder und Stadtstaaten …

Hinweis:
Bitte nicht in das Buch schreiben.

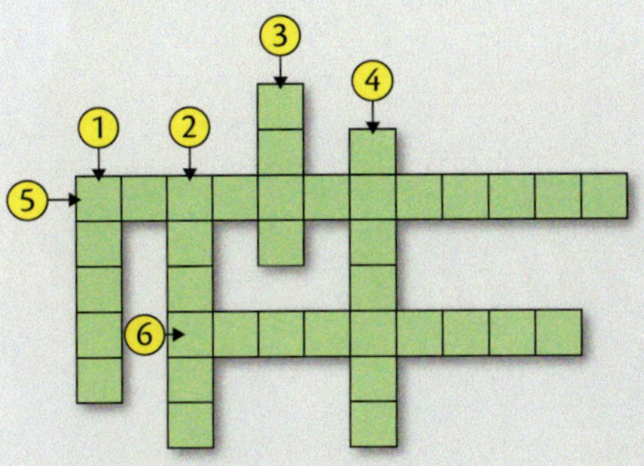

senkrecht:
1. Hochgebirge
2. Schnitt – mit Höhen und Tiefen
3. Schleswig-Holstein ist ein …
4. Im Westen von 3 liegt die …

waagerecht:
5. Südlich der Donau liegt das …
6. Bayern ist ein …

M7 Rätselhaft

1 Gib die Bedeutung der wichtigen Begriffe dieses Kapitels wieder (M3).

2 Bezeichne die vier Abschnitte in M1 in deinem Arbeitsheft und nenne ihre Merkmale.

3 Erläutere die Bedingungen, die für den Anbau von Zuckerrüben erfüllt sein müssen (M2).

4 Berichte über die Almwirtschaft im Nationalpark Berchtesgadener Land (M4).

5 Nenne die gesuchten drei bayerischen Städte in M5.

6 Nenne die Namen der sechzehn Bundesländer/Stadtstaaten und Hauptstädte in M6.

7 Löse das Kreuzworträtsel M7.

6 Anwendungen im Nahraum

Egal ob Nürnberger Burg, Regensburger Dom oder Sendlinger- und Kaufinger-Tor in München. All dies sind Bauten, die an die Geschichte der jeweiligen Stadt erinnern. Noch heute sind Ähnlichkeiten der Gebäude und Stadtgrundrisse zu finden. Vielleicht habt ihr auch eine Stadt in der Nähe, die durch das Mittelalter geprägt wurde? Findet es heraus.

Um eine Stadt besser erkunden zu können, lernt ihr in diesem Kapitel außerdem, wie ihr einen Stadtplan lest. So könnt ihr schnell zu den Sehenswürdigkeiten einer Stadt gelangen.

Euren eigenen Heimat- oder Schulort sollt ihr besonders genau kennen lernen und entdecken. Ihr fertigt selbst Karten an, führt Passantenbefragungen durch und überlegt, was bereits besonders gut an eurer Stadt ist oder was man vielleicht noch besser machen könnte.

Von der Altstadt zur Neustadt

***Mittelalter**
der Zeitraum in der europäischen Geschichte zwischen den Jahren 500 und 1500

***Schema**
eine auf das Wesentliche einer Sache beschränkte Darstellung (z. B eine Zeichnung)

***City**
der innere Bereich größerer Städte; das Wort kommt aus der englischen Sprache.

M 1 Die Kaiserburg in Nürnberg und Fachwerkhäuser

M 2 Schema* einer europäischen Stadt im Mittelalter

Alte Städte in Bayern

Viele Touristen in Bayern bestaunen mächtige Stadtmauern, alte Burgen und Fachwerkhäuser. All dies sind Zeitzeugen aus dem Mittelalter*.
Solche Sehenswürdigkeiten gibt es nicht in allen Ländern der Erde. Beispielsweise haben die Städte in den Vereinigten Staaten von Amerika keine Altstadt. Denn Amerika wurde erst im Jahr 1492 entdeckt. In einem US-amerikanischen Stadtzentrum gibt es nur Hochhäuser.
Auch in Asien sind Burgen und Schlösser nur aus Märchenfilmen bekannt. Hier gibt es jedoch zum Beispiel Tempel, die es bei uns nicht gibt. Überreste aus der Ritterzeit gibt es in Asien wiederum nicht.

Eine Burg – der Mittelpunkt der alten Stadt

Um das Jahr 1200 gab es im heutigen Deutschland mehr als 10 000 Burgen. Oft bildete eine Burg den Mittelpunkt einer Stadt.

M3 **Schrägluftbild von Nürnberg**

Beschützte Bürger/-innen

Mittelalterliche Städte boten ihren Bürgerinnen und Bürgern insbesondere Schutz. Das Wort „Bürger“ stammt übrigens vom Wort „Burg“ ab.

Viele Burganlagen waren umgeben von einem Wall und einer Ringmauer. Auf der sternförmig angelegten Mauer waren Wehrtürme platziert. In die Stadt führten Tore, die nachts oder bei drohenden Angriffen geschlossen wurden.

Einen zusätzlichen Schutz der Burganlage gewährte in manchen Städten ein breiter Wassergraben.

Vom Mittelalter in die Neuzeit

Seit ihrer Gründungszeit haben sich mittelalterliche Städte einem großen Wandel unterzogen. Durch die Städte reiten keine Ritter mehr. Pferdeställe sind nicht mehr gefragt, aber umso mehr benötigt eine moderne Stadt Parkplätze.

Auch wenn manche Stadt heute auf den ersten Blick eine moderne City* hat, gibt es vielleicht noch Spuren des Mittelalters. Schon der Name mancher deutschen Stadt erinnert an diese Zeit.

M4 **Zeichnung einer mittelalterlichen Burganlage**

1 Beschreibe das Schema einer mittelalterlichen Stadt (M2).

2 Nenne fünf Orte in Deutschland und fünf Orte in Bayern, in deren Namen der Bestandteil „Burg“ enthalten ist.

3 Erläutere, wie die Burg ihre Bürger/-innen schützen konnte (Text, M2, M4).

4 Werte das Schrägluftbild M3 aus (→ **Wir beschreiben Bilder**, S. 20/21). Zeige insbesondere mittelalterliche Spuren sowie Erweiterungen der Stadtfläche.

5 Werte das Schrägluftbild von Ingolstadt auf den Seiten 112/113 aus (→ **Wir beschreiben Bilder**, S. 20/21). Vergleiche mit dem Schema M2 dieser Doppelseite.

METHODE

Wir lesen einen Stadtplan

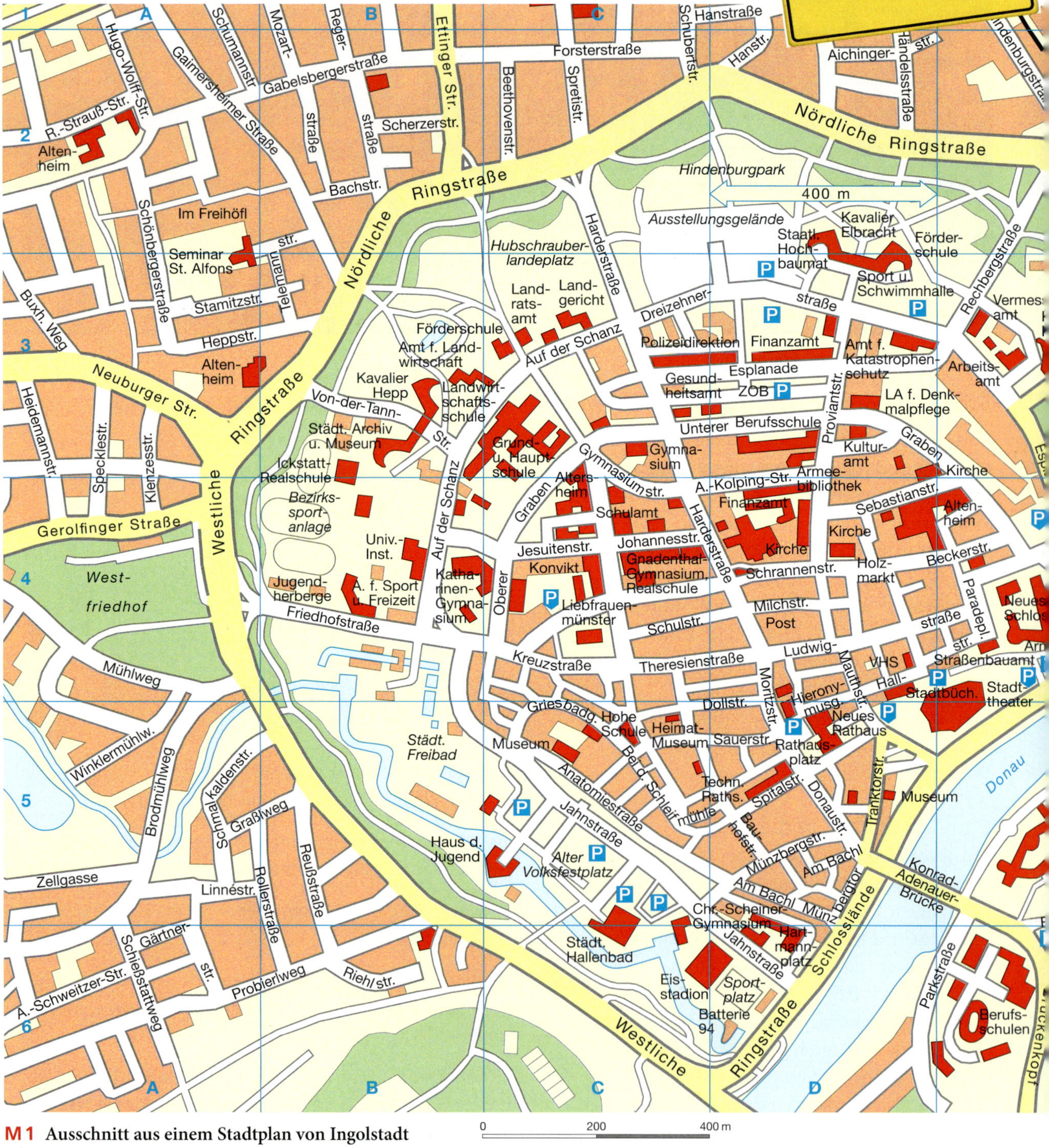

M 1 Ausschnitt aus einem Stadtplan von Ingolstadt

Linnéstraße	A5
Ludwigstraße	D4
Mauthstraße	D4–D5
Milchstraße	D4
Minuccistraße	F1–F2
Moritzstraße	D4–D5

M2 **Ausschnitt aus dem Straßenverzeichnis**

Der Stadtplan

Ein Stadtplan (oder Ortsplan) dient dazu, dass du dich schnell orientieren kannst. Mit seiner Hilfe lassen sich Wegstrecken gut beschreiben und nachvollziehen.

Planquadrate, die mit Zahlen und Buchstaben bezeichnet sind, erlauben beispielsweise ein schnelles Auffinden einer Straße oder eines Gebäudes.

Wichtige Gebäude einer Stadt oder eines Ortes sind deutlich hervorgehoben. Parkplätze für Besucher/-innen der Stadt lassen sich schnell finden.

- ✔ Wir sehen auf dem Stadtplan nach, wie die Planquadrate bezeichnet sind.
- ✔ Wir stellen mithilfe des Straßenverzeichnisses fest, in welchem Planquadrat sich eine gesuchte Straße befindet.
- ✔ Wir informieren uns über den Maßstab, wenn wir eine Entfernung angeben.

M3 **Checkliste für Stadtpläne**

1 Nennt den Fluss, der durch Ingolstadt fließt.

2 Zeigt den Verlauf der Eisenbahngleise auf dem Stadtplan.

3 Stellt fest, wo sich das Stadttheater von Ingolstadt befindet. Gebt die Lage des Stadttheaters mithilfe der Planquadrate an.

4 Messt die Strecke (Luftlinie) zwischen dem Arbeitsamt (E3) und dem Haus der Jugend (C5).

5 Beschreibt den Weg vom Nordbahnhof (E2) zum Finanzamt (D4).

6 Ergänzt das Straßenverzeichnis (M2). Gebt die entsprechenden Planquadrate an für: die Schubertstraße (im Norden), die Lönsstraße (im Osten), die Gärtnerstraße (im Süden) und die Heppstraße (im Westen).

7 Arbeitet zu zweit: Schlagt die Doppelseite 112/113 und diese Doppelseite (S. 116/117) auf. Legt die Bücher nebeneinander und vergleicht das Schrägluftbild von Ingolstadt mit dem Stadtplan.

8 Stellt euch untereinander weitere Aufgaben, die mithilfe des Stadtplans zu lösen sind.

METHODE

Wir planen eine Exkursion

M1 In der Altstadt von Nürnberg

M2 Vorbereitung mit einer Karte

M3 Gehören zu einer Exkursion: Speisen und Getränke zum Mitnehmen

M4 Der legendäre Burgbär von Höhlstätten

M5 Das Buch mit sieben Siegeln

Die Exkursion

Der Geographie-Unterricht unterstützt euch dabei, einen Tagesausflug – oder anders gesagt: eine **Exkursion** – zu planen und durchzuführen. Je mehr ihr bei der Planung selbst übernehmt, desto größer die Chance, dass der Ausflug auch auf euer Interesse stößt. Und je besser die Vorbereitung, desto größer der Spaß daran.

M6 **Für den Fall des Regens …**

M7 **Exkursionsfotos: besser mehr als zu wenig!**

Vorbereitung mit Karten

Wichtigste Voraussetzung einer gelungenen Exkursion ist die Vorbereitung mit der Karte. Die Wegstrecken sollten ebenso gut geplant werden wie die Pausen: Welche Wege sind nicht zu lang? Wo kann man gut eine Pause einlegen? Wo gibt es etwas zu sehen? Wo kann man zwischendurch sitzen? Nicht zu vergessen: die Toiletten!

Verpflegung

Wer zu Fuß unterwegs ist, wird schnell hungrig und durstig. Dafür sollte gesorgt sein. Es ist vermutlich besser, wenn jeder sich etwas mitnimmt, als eine teure Gaststätte aufzusuchen. Wer will schon wertvolle Zeit im Restaurant verbringen?

Ausrüstung

Rucksäcke sind für Exkursionen ideal: Du hast die Hände frei und das Gewicht ist am besten auf dem Rücken zu bewegen.
Und wenn das Wetter nicht „mitmacht", sollte man auch darauf gut vorbereitet sein: Regenschirm oder Anorak?
Fotoapparate, Papier und Stifte begleiten die Exkursion. Es werden Stichwörter und Positionen notiert. So lässt sich später die Exkursion noch einmal nachvollziehen. Insbesondere sollte nicht vergessen werden, was wo wann fotografiert wurde.

- ✔ Wir beschaffen uns eine gute Karte vom Exkursionsgebiet.
- ✔ Wir überlegen uns, wie lange wir unterwegs sein wollen. Wo machen wir wann Pausen?
- ✔ Wir informieren uns über Sehenswürdigkeiten und interessante Haltepunkte.
- ✔ Wir nehmen unsere eigene Wegzehrung (Essen und Trinken) mit.
- ✔ Wir packen sinnvoll unsere Taschen und Rucksäcke:
  Fotoapparat, Schreibzeug, Regenschirm, Sonnenschutzmittel …?!

M8 **Checkliste für Exkursionen**

M9 **Nicht überall erlaubt**

1 Sammelt in der Klasse Vorschläge für eine Exkursion im Schulort: Datum, Dauer, Strecke …

2 Bereitet mithilfe der Checkliste M8 Einzelheiten einer Exkursion vor.

3 Ergänzt die Checkliste M8 mit Besonderheiten, die eure Klasse betreffen – beispielsweise: Worauf sollte geachtet werden (gesundheitliche Einschränkungen)?

4 Kommentiert den Hinweis M9.

Morgens rein, abends raus …

M1 Frage eines Berufspendlers

M2 Wohnen im „Grünen" …

Hin und her

Die Überschrift dieser Doppelseite kommt dir vielleicht ein wenig merkwürdig vor. Ist es denn nicht in Wirklichkeit umgekehrt: Morgens raus aus den Federn und abends rein ins Bett?

Mit der Überschrift dieser Doppelseite wird nicht der Alltag der Schüler/-innen, sondern das Verhalten von sogenannten **Pendlern** beschrieben.

Es sind Bewohner/-innen des ländlichen Raumes. Sie fahren am Morgen in die Stadt (also: rein), um dort zu arbeiten. Am Abend kehren sie heim (also: raus). Denn sie wohnen lieber außerhalb der Stadt.

M3 … Arbeiten in der Stadt

Stadt und Umland

Stadt und Umland stehen in vielfältigen Wechselbeziehungen zueinander. Die Stadt versorgt viele. Dort wird eingekauft, es werden Bankgeschäfte erledigt, Fachärzte aufgesucht und man geht ins Kino. Das Umland ergänzt die Stadt. Dorthin fahren die Städter, um sich zu erholen. Im Umland werden landwirtschaftliche Produkte erzeugt. Außerdem entsteht dort Frischluft, die in die Stadt strömen kann.

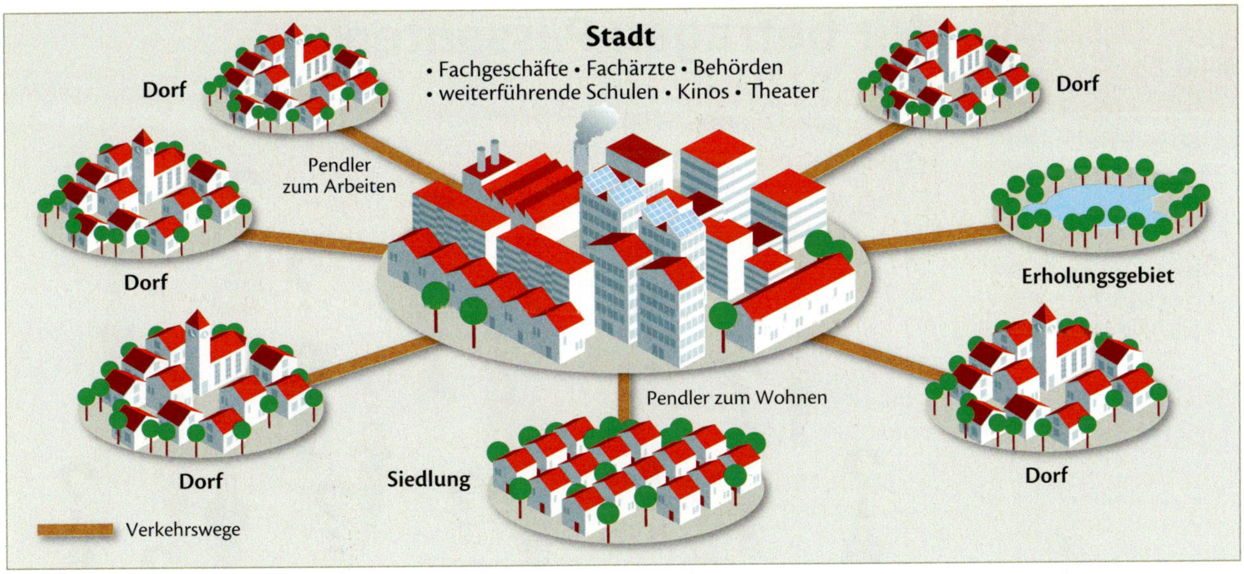

M4 Eine Stadt und ihr Umland

M5 Nach dem Umzug aus der Stadt …

M6 Merkmale einer Großstadt

1 Beschreibe M6 (→ **Wir beschreiben Bilder**, S. 20/21).

2 Erläutere die Wechselbeziehungen zwischen Stadt und Umland (M1 bis M4, Text).

3 Überlege dir (weitere) Gründe, die für und die gegen einen Umzug aus der Stadt ins Umland sprechen (M5).

4 M1: Nimm Stellung zur Frage des Berufspendlers.

5 Berichte darüber, ob es in eurer Familie Berufspendler gibt. Welche Probleme sind dir bekannt?

6 Mache Vorschläge, wie die Situation der vom Stau gestressten Berufspendler verbessert werden könnte.

Wir befragen Passanten

*Passant
(Begriff aus der französischen Sprache) Fußgänger, Vorübergehender

M1 Viele Passanten*, viele Meinungen …

Die Befragung

Zu den besonderen Herausforderungen im Geographie-Unterricht zählt die Befragung. Dazu musst du sowohl etwas Mut als auch Fingerspitzengefühl haben. Niemand sollte sich bedrängt fühlen. Die Ernsthaftigkeit steht im Vordergrund.

M2 Besonders wichtig bei einer Befragung: der Blickkontakt

Der „Eisbrecher": ein Lächeln

Wer auf andere „zugeht", sollte auf eine angenehme Weise ihre Aufmerksamkeit erreichen. Das funktioniert am besten mit einem Lächeln. Das Lächeln wirkt oft wie ein „Eisbrecher" und bewirkt eine günstige Gesprächsatmosphäre.

Eine gute Vorbereitung – das A und O einer Befragung

Eine Befragung ist schon deswegen schwierig, weil es für einen ersten Eindruck keine zweite Chance gibt.
Zunächst ist dein „Auftritt" (also das „A") besonders zu beachten: Ist deine Kleidung okay? Wirkst du sympathisch?
Das „O" unterstützt deinen Erfolg: die Organisation. Hast du dich gut vorbereitet? Sind deine Fragen verständlich? Wird der/dem Befragten sofort klar, worum es geht? Können die Befragten in Ruhe und ohne bedrängt zu werden antworten?

Gute Vorstellung

Bevor du Passanten befragst, musst du sie über den Sinn und Zweck der Befragung informieren. Vorteilhaft ist es, wenn du dich auch kurz persönlich vorstellst. Also etwa so: „Ich bin Ilkay und Schüler der Realschule XYZ. Für unseren Geographie-Unterricht wollen wir herausfinden, ob …"

Fragen über Fragen

Bei einer Befragung von Passanten muss darauf geachtet werden, dass sie nicht allzu lange aufgehalten werden. Das erreichst du am besten, wenn du die Anzahl der Fragen stark begrenzt. Außerdem sollten die Fragen eindeutig und unmissverständlich sein.

Geschlossen oder offen?

Es gibt zwei Arten von Fragen: geschlossene und offene. Bei einer geschlossenen Frage sind die Antwortmöglichkeiten vorgegeben. Die „sparsamste" Form ist eine Frage, auf die nur mit „ja" oder „nein" oder „ich weiß nicht" geantwortet werden kann.

Bei offenen Fragen können die/der Antwortgeber/-innen weiter ausholen. Vorteil offener Fragen sind die vielfältigen Antwortmöglichkeiten und „Schattierungen" der Meinungsäußerungen.

Nachteil offener Fragen ist ihre Auswertbarkeit. Je mehr bei einer Befragung „herauskommt", desto schwieriger wird eine Auszählung bzw. eine Bewertung. Ohne ein Aufnahmegerät wird es schwer, sich zu erinnern. Aber bevor ihr etwas aufnehmt, müsst ihr unbedingt die Zustimmung der Befragten erhalten.

Fragen vorlesen

Egal ob geschlossene und/oder offene Fragen – ihr solltet alle Fragen aufschreiben und immer bei eurer Befragung „vor Augen" haben. Es kann nicht schaden, wenn die Befragten mitlesen können.

M3 So oder so? Was kommt wohl besser an?

Spieglein, Spieglein …

Damit eine Befragung von Passanten gut gelingt, sollte vorher ausreichend lange geübt werden. Das kann vor dem Spiegel geschehen oder mit Vertrauten durchgeführt werden. Wer es ganz professionell* machen möchte, filmt sich beim Üben zu Hause.

- ✔ Wir schreiben die Fragen auf, die wir den Passanten stellen wollen. Dabei achten wir darauf, dass der Umfang nicht zu groß wird (am besten geschlossene Fragen stellen).
- ✔ Wir üben die Befragung vorher ein (z. B. vor dem Spiegel, vor Freunden, vor Verwandten).
- ✔ Wir führen die Befragung durch. Dabei stellen wir uns zunächst kurz vor und informieren die Passanten über den Zweck der Befragung. Während der Befragung lächeln wir und halten Blickkontakt.
- ✔ Wir werten die Befragung zu Hause oder in der Schule aus.

M4 Checkliste für Passantenbefragungen

***professionell**
fachmännisch; wie mit einer Berufsausbildung gemacht

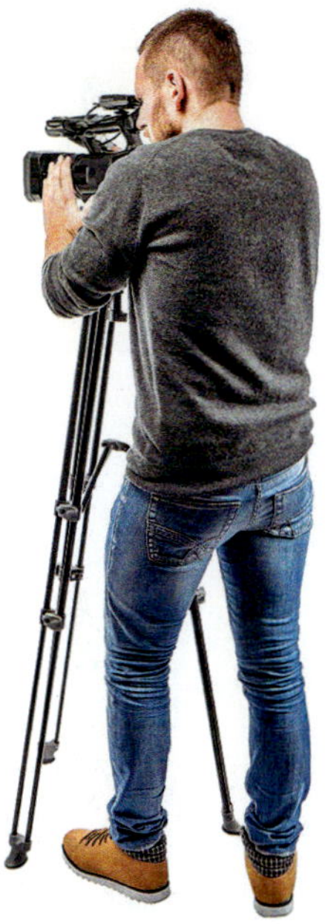

M5 Übung macht den Meister

1. Bereitet euch mithilfe des Schrittes 1 in der Checkliste M4 auf eure Befragung vor.
2. Übt zu Hause mithilfe des Schrittes 2 in der Checkliste M4 euer späteres Verhalten bei der Befragung ein.
3. Führt eine Befragung von Passanten durch (M4 – Schritt 3).

METHODE

Wir kartieren eine Straße

M 1 Unterwegs in der Fußgängerzone

M 2 In einem Schaufenster zu sehen...

***Dienstleistung**
ein Angebot, das kein Gegenstand (eine Ware), sondern eine Tätigkeit ist (z. B. eine ärztliche Untersuchung oder eine Beratung in einer Bank)

Eine Kartierung

Eine Kartierung ist eine zeichnerische Darstellung der Nutzung einer größeren Fläche. Mit einer Kartierung kann beispielsweise dargestellt werden, wie landwirtschaftliche Flächen genutzt werden.

Grundlage einer Kartierung kann eine eigene Kartenskizze oder eine bereits bestehende Karte sein. Bei der Verwendung einer gedruckten Karte benutzt man am besten eine schwarz-weiße Kopie.

Kartierung einer Straße

Mithilfe der Kartierung einer Straße wird zeichnerisch dargestellt, welche Geschäfte und sonstigen Angebote für die Bürgerinnen und Bürger einer Stadt bestehen.

Neben den Einkaufsmöglichkeiten wie Schuh- oder Blumengeschäften werden auch Dienstleistungen* kartiert.

Wenn es sinnvoll ist, werden bei der Kartierung ähnliche Merkmale zu größeren Gruppen zusammengefasst – beispielsweise: Bäcker, Fleischerei, Getränkeladen als „Lebensmittel". Das alles sind Geschäfte, die (fast) täglich zur Versorgung aufgesucht werden.

Zur Kartierung können Buchstaben eingesetzt werden – beispielsweise: „Bä" für eine „Bäckerei" und „Ba" für eine „Bank".

Besser – da leichter zu „lesen" und schneller zu unterscheiden – sind kleine farbige zeichnerische Darstellungen.

Besonders hilfreich ist es, wenn die zeichnerischen Darstellungen die bezeichnete Sache erkennen lassen – beispielsweise: eine Glühbirne für Elektrowaren.

M3 … In einem anderen Schaufenster …

M4 … Einige Meter weiter zu sehen …

- ✔ Wir beschaffen uns eine Karte von der Straße, die wir untersuchen wollen. Besonders geeignet sind solche Karten, die einzelne Gebäudeumrisse abbilden.
- ✔ Wir stellen eine (vergrößerte) Kopie der Karte her oder zeichnen die Straße(n) nach, die kartiert werden soll(en).
- ✔ Wir legen eine Zeichenerklärung (Legende) für die eigene Kartierung an.
- ✔ Wir führen die Kartierung der Straße(n) „an Ort und Stelle“ durch.

M5 Checkliste für Straßenkartierungen

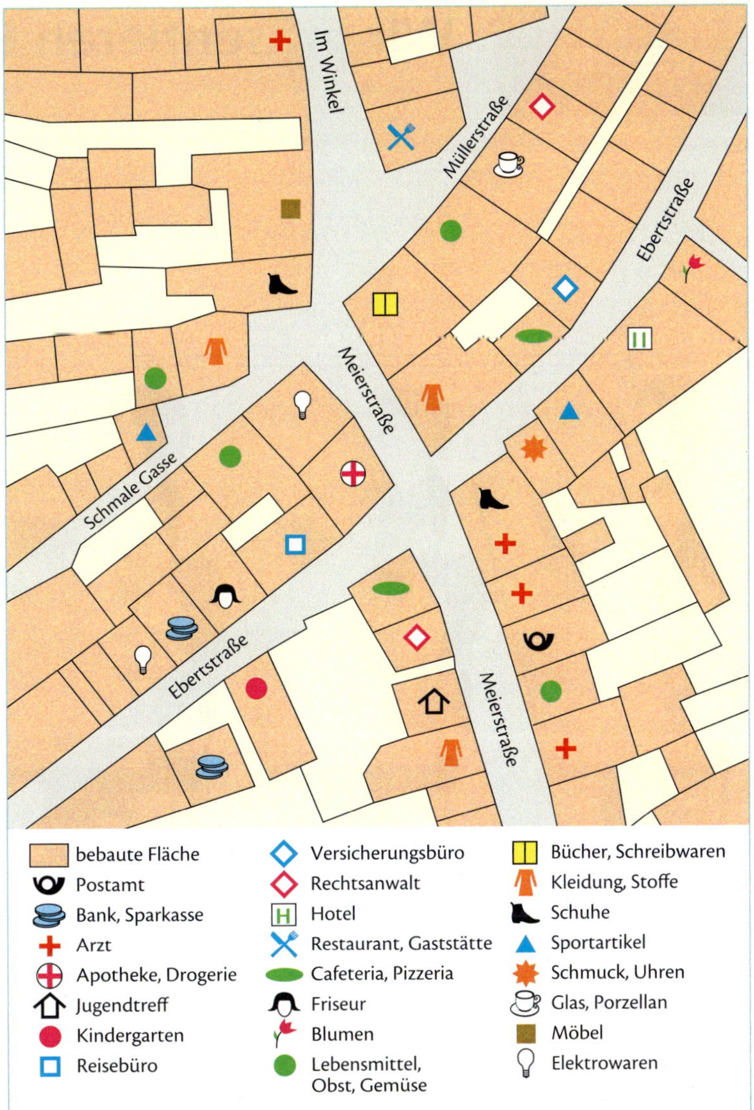

M6 Beispiel einer Straßenkartierung

1 Erläutert die Zeichenerklärung (Legende) der Karte M6.

2 Zählt die Kartenzeichen (Signaturen) in M6 auf, bei denen es sich um Dienstleistungen handelt.

3 Ordnet die Fotos M2 bis M4 den entsprechenden Kartenzeichen (Signaturen) in M6 zu. Wo befinden sich solche Läden in der Karte?

4 Führt mithilfe der Checkliste M5 eine eigene Straßenkartierung durch.

METHODE

Wir präsentieren Ergebnisse

M 1 Eine gelungene Präsentation – z. B. mithilfe von Fotos und Filmen

M 2 Abwechslungsreiche Darstellungen – verständlich erläutert

Prima präsentiert

Wer kennt das nicht? Eigentlich geht es um ein interessantes Thema, aber schon nach kurzer Zeit kämpfst du mit der Müdigkeit. Du wirst müde, obwohl du genug geschlafen hast und top-fit warst … Der Grund dafür: Ein Vortrag will kein Ende nehmen, die Fakten haben dich schon erschlagen. Alles, woran du dich noch erinnern kannst, ist die Brille des Redners.

Wer Ergebnisse präsentiert, sollte seine Zuhörer nicht überfordern. Eine Grundregel für einen guten Vortrag ist, langsam und deutlich zu sprechen. Auch hier ist es vorteilhaft, den Sichtkontakt zu seinen Zuhörern zu pflegen.

Filme und Fotos wirken lebhaft. Abwechslungsreiche Darstellungen beugen der Langeweile vor. Eine Betonung des Wesentlichen stützt die Erinnerung.

M3 Weniger wäre wohl mehr gewesen?

Ehhem und ööh

Besonders störend ist es, wenn die/der Redner/-in um Worte ringt und den Vortrag mit Zwischenlauten „anreichert“. Deswegen sollten „ehhhem“ und „ööh“ vermieden werden. Um das zu erreichen, leistet ein „Spickzettel“ gute Dienste. Auf ihm befinden sich Stichwörter, die den Gedankenfluss unterstützen.
Ein Spickzettel sollte groß genug beschriftet sein und unauffällig platziert werden. Es muss niemandem peinlich sein, sich einer Hilfe zu bedienen. Selbst der Präsident der USA verwendet eine Gedankenstütze. Wenn er beispielsweise in eine Fernsehkamera schaut, wird ihm seine Rede unauffällig durch sogenannte „Teleprompter“ eingespiegelt.

Stichwörter, aber keine Rede

Lebhaft wird eine Präsentation durch ihre „Natürlichkeit“. Deshalb sollte keine lange Rede abgelesen werden. Besser ist es, „frei“ zu sprechen und Blickkontakt mit den Zuhörern zu halten.

Nachgefragt

Am Ende jeder Präsentation sollte Gelegenheit für Nachfragen bestehen. Wer es so lieber mag, darf selbstverständlich auch Fragen während der Präsentation zulassen. Aber das ist schon recht schwierig!

M4 Ein Teleprompter

- ✔ Wir wählen eine für uns gut geeignete Präsentationsmöglichkeit aus. Hierfür erkundigen wir uns nach den technischen Gegebenheiten im Vortragsraum.
- ✔ Wir entwerfen eine Präsentation, die nicht zu lang und zu langweilig wird.
- ✔ Wir bereiten Gedächtnisstützen für einen freien Vortrag vor.

M5 Checkliste für Präsentationen

1 Bereitet mithilfe der Checkliste M5 eine Präsentation vor.

2 Übt zu Hause die Präsentation gut ein.

3 Kommentiert M3: Welche(n) Fehler hat der Präsentator gemacht?

4 Erläutert, wie ein Teleprompter einen Vortrag stützt (Text, M4).

Unterwegs in der eigenen Stadt

M 1 Viel los in einer Stadt...

M 2 Das Alltagsleben aufgeteilt – Grunddaseinsfunktionen

***Poller**
(senkrecht) im Boden befestigte Pfähle (aus Holz oder aus Metall), die ein Befahren bestimmter Flächen verhindern sollen

M 3 Muss das (so) sein?

Genauer hingeschaut

Genauer hingeschaut hat die Klasse 5a auf einer Exkursion im Schulort. Einige Schülerinnen und Schüler wohnen hier, andere kommen aus Orten in der Umgebung. Klar, dass sie sich unterschiedlich gut auskennen. Aber oft ist es doch so, dass man das eigene Umfeld gar nicht mehr so ganz genau wahrnimmt. Man gewöhnt sich an Missstände, man nimmt Nachteile hin, man denkt einfach nicht weiter darüber nach.

Der Plan: Der Schulort sollte „unter die Lupe genommen“ werden. Dafür hatte die 5a einige Unterrichtsstunden für die Vorbereitung benötigt.

Stadtpläne wurden besorgt, interessante Bereiche des Schulorts ausfindig gemacht und es wurden Gruppen gebildet. Sie wurden gemischt mit Schülerinnen und Schülern, die im Schulort wohnen und solchen, die hier „neu“ sind.

Tim ist Schüler der 5a. Er sitzt im Rollstuhl. Deswegen haben seine Mitschülerinnen und Mitschüler ihre Exkursion insbesondere „mit den Augen eines Rollstuhlfahrers“ durchgeführt: Wo sind Bordsteine zu hoch, wo wird es zu eng?

M4 Skaterbahn im Schulort

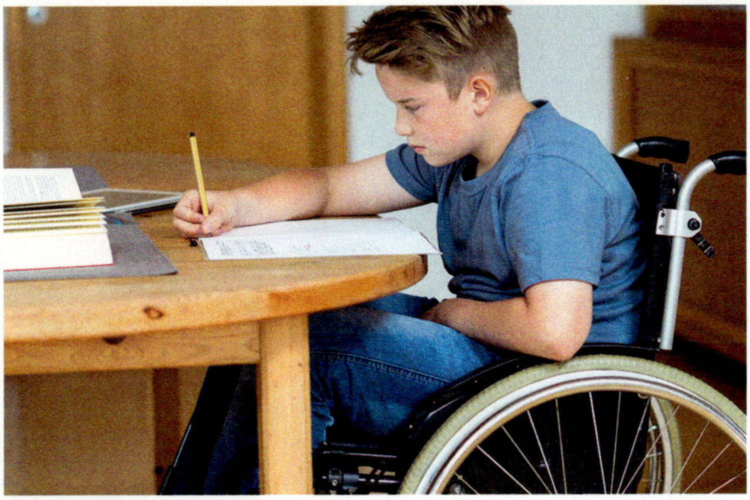

M6 Tim

M5 Gefährliches Hindernis

M7 Vorbildlich markiert

Verbesserungsvorschläge

Die Schülerinnen und Schüler der 5a wollten aber nicht nur schlechte Beispiele entdecken, sondern Verbesserungsvorschläge machen. Gut fanden sie die deutliche Markierung von Fahrradwegen in der Stadt. Pfeile für beide Fahrrichtungen waren bestens erkennbar.

Als sie Augenzeugen eines Blechschadens wurden, hatte eine Schülerin eine Idee. Sie schlug vor, die Poller* in Signalfarbe anzustreichen und an ihnen zwei Meter hohen Stäbe anzubringen. So könnten die Autofahrer/-innen diese Hindernisse besser erkennen und Unfälle vermeiden. Die Klasse 5a hörte sich den Vorschlag an und kommentierte ihn.

1 Beschreibe die Figuren und Verkehrsmittel in M1.

2 Berichte über die unterschiedlichen Bedürfnisse der Figuren und Verkehrsmittel in M1.

3 Finde je zwei Beispiele für die Grunddaseinsfunktionen (M2).

4 Beantworte die Frage unter dem Foto M3 mit einer Begründung.

5 Bereite Untersuchungsfragen für eine Exkursion in deinem Schulort vor. Ordne deine Untersuchungsfragen auch der Grafik M2 zu.

6 Nimm Stelllung zum Vorschlag der Schülerin: Poller in Signalfarben streichen und an ihnen zwei Meter hohe Stäbe anbringen.

7 Ein guter Vorschlag wäre gemacht … Erläutere, warum aber nicht alle guten Vorschläge auch „in die Tat umgesetzt" werden. Woran kann so etwas scheitern?

Das kann ich ...

✓ Burg
✓ Mittelalter
✓ City
✓ Stadtplan
✓ Exkursion
✓ Pendler/-in
✓ Passant/-in
✓ Stadt
✓ Umland
✓ Straßenkartierung
✓ Präsentation

M 1 Wichtige Begriffe aus dem Kapitel 6

M 2 Berufspendler unterwegs ...

M 3 Nürnberg und seine Burganlage

M4 Stadt und Umland

M5 Auf einer Exkursion

M6 Gut präsentieren – aber wie?

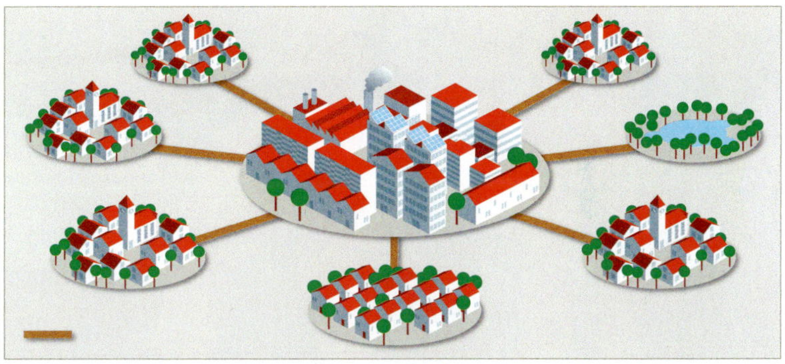

M7 Morgens rein, abends raus

1 Gib die Bedeutung der wichtigen Begriffe dieses Kapitels wieder (M1).

2 M2: Berufspendler unterwegs. Erläutere Hintergründe des Pendelns. Welche Vorteile und welche Nachteile können damit verbunden sein?

3 Beschreibe das Foto M3 (→ **Wir beschreiben Bilder**, S. 20/21). Gehe auch auf Merkmale der mittelalterlich geprägten Stadt ein.

4 Berichte über die Wechselbeziehungen zwischen Stadt und Umland (M4 und M7).

5 Du sollst eine Exkursion vorbereiten (M5). Was sollte dabei beachtet werden?

6 Gib Tipps für eine gute Präsentation (M6).

7 Aktuelle Fragen der Geographie

Im Geographie-Unterricht geht ihr kapitelweise vor. Neues baut auf Bekanntem auf. So erweitert sich euer Fachwissen ständig.

Manchmal passieren auf der Erde aber Dinge, die nicht unmittelbar vorherzusehen waren oder die eure Lehrer/-in nicht lange für den Unterricht im Voraus planen konnte.

Für solche Situationen lässt euch der Geographie-Unterricht Zeit. Ihr befasst euch dann mit „aktuellen Fragen der Geographie". Diese Fragen können sich aus einem Ereignis in eurer räumlichen Nähe ergeben (z. B. Starkregen oder Hochwasser). Vielleicht gab es auch ein Erdbeben weit weg von Bayern – aber doch für euch interessant …

Für die Behandlung von aktuellen Ereignissen im Geographie-Unterricht ist es immer nützlich, sich schnell und gezielt vorbereiten zu können. Dafür ist es oft hilfreich, sich mit Internetrecherchen und Informationsbeschaffungen außerhalb des Internets auszukennen.

METHODE

Wir führen eine Internetrecherche durch

M 1 **Recherche per Computer**

Internetseiten finden – die Suchmaschine

Das Internet ermöglicht es, schnell an aktuelle Informationen zu beinahe jedem Thema zu gelangen. Die Informationen aus dem Internet ergänzen die Inhalte aus dem Schulbuch, aus Nachschlagewerken (z. B. Lexikon und Sachbuch) oder anderen Medien. Am schnellsten funktioniert die Internetrecherche (Internetsuche), wenn ihr eine passende Internetadresse kennt. Wenn ihr die genaue Adresse noch nicht kennt, dann helfen Suchmaschinen weiter. Suchmaschinen sind Programme, die mithilfe von einzelnen Suchbegriffen alle in einem Computer oder in einem Computernetzwerk wie dem World Wide Web (www) gespeicherten Dokumente finden können.

In den meisten Fällen einer Internetrecherche werden so viele Einträge angezeigt, dass ihr unmöglich alle anschauen könnt. Deshalb solltet ihr erfolgversprechend suchen, indem ihr mehrere Suchbegriffe verwendet. Ein Beispiel hierfür könnte sein: „Anzahl" + „Realschulen" + „Bayern".

Bei der Eingabe von Suchbegriffen ist es einerlei, ob ihr die Großschreibung beachtet – „anzahl" + „realschulen" + „bayern" führt zum selben Ergebnis.

✔ **Startet die Suchmaschine.** Gebt in das Adressfeld der Internet-Startseite entweder die gewünschte Adresse oder die Kennung der Suchmaschine ein. Drückt die Enter-Taste, um die Suche zu starten.

✔ **Gebt einen Suchbegriff ein.** Fügt den Suchbegriff ein und entsprechende Web-Seiten (Web-Sites) werden angezeigt. Manchmal ist es sinnvoll, erst nach Oberbegriffen zu suchen, um dann weiter ins Detail zu gehen. Dies ist dann der Fall, wenn ein Begriff auch in anderen Bereichen benutzt wird oder so selten ist, dass eine Suchmaschine ihn nicht findet.

✔ **Wählt die Web-Seite(n) aus.** Wählt aus den gefundenen Einträgen einige aus. Auf den Seiten finden sich oft Links, die weitere Informationen zum Thema bieten. Dabei werdet ihr feststellen, dass einige Seiten nicht zu eurem Thema passen. Wenn keine der gefundenen Seiten geeignet sind, solltet ihr zum zweiten Schritt zurückkehren und einen anderen Suchbegriff eingeben.

✔ **Speichert die Information(en) auf dem Computer ab.** Die wichtigen Informationen werden markiert und auf dem Computer abgespeichert. Manchmal verbergen sich hinter einem Link ganze Buchkapitel oder Aufsätze. Markiert die Seiten oder Absätze, die euch wichtig erscheinen. Denkt daran, die genaue Adresse der Web-Site als Quelle zu kopieren, damit eure Lehrerin, euer Lehrer die Fundstelle überprüfen kann. In einem Referat oder Bericht müsst ihr übernommene Gedanken und Informationen stets kennzeichnen.

✔ **Druckt sparsam.** Druckt nur wirklich wichtige Informationen für eure weitere Arbeit aus und spart so Papier und Toner. Sofern ihr in eurer Schule arbeitet, fragt vorher eure Lehrerin oder Lehrer, ob und wie viel ihr drucken dürft.

M2 Checkliste für Internetrecherchen

M3 Senkrechtluftbild im Internet

M4 Digitale Karte im Internet

Fernerkundung

Weit entlegene Gebiete können wir kaum sofort aufsuchen. Viele Bereiche der Erde werden wir vermutlich auch niemals mit den eigenen Augen sehen.
Ersatzweise aber können wir uns der sogenannten „Fernerkundung" per digitaler Karten und Luftbilder mithilfe des Internets bedienen. Sie ermöglichen es uns, einen Raum gut zu „erforschen" ohne selbst jemals dort gewesen sein zu müssen.

1 Führt mithilfe von M2 eine Internetrecherche durch und sucht Informationen zum Thema „aktuelle Erdbeben".

2 Speichert alle Ergebnisse. Denkt daran, die jeweilige Quelle zu notieren.

3 Fasst die Informationen eurer Internetrecherche mündlich zusammen.

METHODE

Wir beschaffen uns Informationen

M 1 Aktuelle Berichterstattung in der Zeitung

***Reportage**
Beitrag im Radio (Hörfunk), Fernsehen oder in der Zeitung, der lebhafte Eindrücke von einem Geschehen vermittelt (z. B. mit Originaltönen und Augenzeugenberichten)

***Livebericht**
eine direkte Übermittlung von Informationen zu einem Ereignis

M 2 „Kino" für die Ohren: die Radioreportage*

Informationsquellen

Nicht nur das Internet ist eine ergiebige Informationsquelle. Es ist im günstigsten Fall zwar fast unschlagbar aktuell. Aber nicht immer lässt sich sofort einschätzen, wie glaubwürdig die dortigen Informationen sind.

Zeitung

Eine gute Zeitung informiert in der Regel sachlich und umfassend. Wenn ihr daraus Material haben möchtet, müsst ihr womöglich nicht unbedingt dafür Geld ausgeben. Vielleicht gibt es in der Nachbarschaft oder bei den Verwandten jemanden, der eine Zeitung nicht mehr benötigt. So können Fotos, Grafiken, Karten und Texte gleich ganz praktisch ausgeschnitten werden. Immer solltet ihr den „Fundort" notieren: Zeitungsname, Datum und Seite.

Bücherei

In vielen Städten gibt es öffentliche Büchereien. Manche Schulen haben sogar eine eigene kleine Bücherei. Bücher bieten gute Grundlagen für die Erarbeitung eines Themas. Bücher sind vielleicht nicht immer hochgradig aktuell, aber gewiss in hohem Maße glaubwürdig. Um Kopierkosten gering zu halten, sind kurze Abschriften oft besser.

Fernsehen

In Kombination mit dem Internet können interessante Fernsehsendungen oft früh genug „gefunden" werden. Viele Fernsehsender speichern ihre Sendungen auch im Internet. Bei aktuellen Themen gibt es zumeist Liveberichte*. Mithilfe eines Video- oder eines DVD-Rekorders lassen sich besonders eindrucksvolle „Bilder" beschaffen. So etwas bereichert auch den Geographie-Unterricht stark.

Radio

Auch beim Thema „Radio“ kann eine Kombination mit dem Internet nützlich sein. Wie bei Fernsehsendungen sind dort manche Beiträge gespeichert.

Im Falle aktueller Berichterstattungen kann direkt auf Radiosendungen „zugegriffen“ werden.

Die Aufnahme eines Radiobeitrags ist aus verschieden Gründen nützlich. Einerseits kann man durch beliebige Wiederholungen Zahlen und Fakten in Ruhe aufschreiben. Andererseits können solche Aufnahme später beispielsweise im Rahmen eines Referats für die Zuhörer recht spannend sein.

Speichern und bereichern

Bei Nutzung der bereichernden Informationsquellen solltet ihr rechtzeitig zuvor herausfinden, wie diese Beiträge „in den Unterricht getragen“ werden können: Gibt es einen Fernseher in der Schule? Kann ich das Whiteboard im Klassenraum nutzen? Wenn ja, wie …?

- ✔ Wir erkundigen uns, welche Informationsquellen uns zur Verfügung stehen: zu Hause, in der Schule und in der Stadt.
- ✔ Wir finden heraus, wie wir an die Informationen gelangen können: Wie werde ich „Leser/-in“ der Stadtbücherei? Wann ist die Schulbücherei geöffnet? Gibt es Nachbarn, die regelmäßig über eine Zeitung verfügen (darf ich sie haben)?
- ✔ Wir finden Möglichkeiten, wie wir die Informationsquellen einsetzen können: Hat jemand einen Video- oder DVD-Rekorder? Kann ich Aufnahmen in der Schule abspielen? Wie kann ich einen Radiobeitrag in den Unterricht mitbringen?

M3 Checkliste für Informationsbeschaffung

M4 Zeitloses Grundwissen aus der Bücherei

M5 Fernsehen – oft ein spannender Blick „in die Welt“

1 Bereitet mithilfe der Schritte 1 bis 3 aus M3 für euch eine eigene Beschaffung von Informationen vor.

2 Findet heraus, welche Fernsehsendungen regelmäßig über das Leben in anderen Ländern berichten.

3 Erkundigt euch über Radiosender, die als Informationsquellen nützlich sein könnten. Präsentiert euer Ergebnis vor der Klasse.

4 Beschafft euch Zeitungen aus der Familie und der Nachbarschaft. Welche dieser Zeitungen könnte für euch und euren Geographie-Unterricht hilfreich sein?

Erklärung von Begriffen

A

Ammonit (S. 76)
Ammoniten waren Kopffüßer, die vor rund 66 Millionen Jahren ausstarben. Zuvor lebten sie mehrere Hundert Millionen Jahre als Meerestiere. Sie waren zwischen einem Zentimeter und 30 Zentimetern groß. Als Versteinerungen sind sie heute zahlreich vorhanden und können schon für wenig Geld gekauft werden.

Antarktis (S. 14)
der Bereich der Erde um den Südpol, zu dem der Kontinent (Erdteil) „Antarktika" gehört

Arktis (S. 14)
der Bereich der Erde um den Nordpol, zu dem Teile der Kontinente (Erdteile) Nordamerika, Nordeuropa und Nordasien gehören; das Eigenschaftswort (Adjektiv) dazu heißt „arktisch".

Atlas (S. 14)
Ein Atlas (Plural: „Atlanten") ist ein Buch, in dem verschiedene Karten der Erde enthalten sind. In einem Atlas befinden sich physische Karten und thematische Karten. Die Karten sind nach Erdteilen geordnet. In einem Atlas für deutsche Schulen sind im vorderen Bereich zumeist Karten für ein Bundesland und anschließend Karten von Deutschland zu finden. Vorn im Atlas hilft ein → Kartenweiser beim Auffinden bestimmter → Räume. Im hinteren Teil des Buches kann die Suche eines Ortes mithilfe eines → Registers durchgeführt werden. Neben der Seitenzahl befindet sich dort eine Angabe zum → Planquadrat.

B

Behaim, Martin (S. 10)
Am 6. Oktober 1459 wurde Martin Behaim in Nürnberg geboren. Der Sohn einer Kaufmannsfamilie machte zunächst eine kaufmännische Ausbildung, nach der er in die (heute belgische) Hafenstadt Antwerpen zog. Dort kam er mit Themen der Seefahrt in enge Berührung. 1483 erhielt Behaim vom portugiesischen König den Auftrag zur Herstellung eines Winkelmessgerätes (Winkelmessung am Himmel) für die Schifffahrt. Zwischen 1490 und 1493 ließ Behaim den ersten Erdglobus anfertigen. 1507 starb Martin Behaim in Lissabon (Portugal).

Binnenmeer (S. 47)
Ein Binnenmeer ist ein → Nebenmeer, das mit einem Meer (Ozean) durch eine Meerenge verbunden ist. Das gegenüberliegende Ufer ist hier mit dem bloßen Auge zu erkennen. Ein Binnenmeer des Atlantischen Ozeans ist beispielsweise die Ostsee.

Bundesnaturschutzgesetz (S. 104)
Das Bundesnaturschutzgesetz (BNatSchG) trat 1977 in Kraft. Es schützt in Deutschland die Natur und die → Landschaft. Durch das BNatSchG wird jede/-r aufgefordert, nach ihren/seinen Möglichkeiten zum Naturschutz und zur Landschaftspflege beizutragen. Jede/-r soll sich sich so verhalten, dass Natur und Landschaft nicht mehr als nach den Umständen unvermeidbar beeinträchtigt werden.

E

Ebbe (S. 105)
Ebbe und → Flut bilden zusammen die so genannten → Gezeiten. Bei Ebbe läuft das Meereswasser ab, bis es den niedrigsten Stand erreicht hat (Niedrigwasser). Anschließend kehrt mit der Flut das Wasser zurück an die Meeresküste (bis zum Hochwasserstand). Ebbe und Flut zusammen dauern etwa zwölf Stunden und 24 Minuten.

Erdkruste (S. 37)
Die äußerste Schale der Erde (Schalenbau) wird als „Erdkruste" bezeichnet. Sie ist ungefähr 35 Kilometer „dick".

Erdteil (S. 46)

Auf der Erde gibt es sechs bzw. sieben Erdteile (auch → Kontinente) – je nachdem, wie man es betrachtet: Afrika, Amerika, Antarktika, Asien, Australien (mit Ozeanien), Europa. Manche betrachten Amerika als zwei Erdteile: Nordamerika und Südamerika (getrennt durch die Grenze der Staaten Panama und Kolumbien).

F

Flughafen (S. 18)

Ein (internationaler) Flughafen ist eine Einrichtung für den Luftverkehr. Hier starten und landen insbesondere größere Flugzeuge. Regionalflughäfen sind Einrichtung für den Luftverkehr, auf denen insbesondere mittelgroße Flugzeuge zu finden sind. Internationale Flughäfen wickeln hauptsächlich den Luftverkehr zwischen Staaten ab, während Regionalflughäfen auch → Räume eines Landes miteinander verbinden. Sonderflughäfen nehmen spezielle Aufgaben wahr (z. B. für große Firmen und/oder das Militär). Verkehrslandeplätze stellen die kleinste Einheit der Luftverkehrseinrichtungen dar.

Flut (S. 105)

Die Flut bildet zusammen mit der → Ebbe die → Gezeiten. Bei Flut läuft das Meereswasser auf, bis es den höchsten Stand erreicht hat (Hochwasser). Ebbe und Flut zusammen dauern etwa zwölf Stunden und 24 Minuten.

G

Gezeiten (S. 139)

Die Gezeiten werden von → Ebbe und → Flut gebildet. Es ist das regelmäßige Ansteigen und Abfallen des Wasserspiegels an der Meeresküste. Ebbe und Flut zusammen dauern etwa zwölf Stunden und 24 Minuten.

Google Maps (S. 22)

Google Maps (map = englisches Wort für „Karte“) ist ein Kartendienst der US-amerikanischen Firma Google Inc., der 2005 startete und kostenlos im Internet angeboten wird (Stand: Ende 2016). Die/der Anwender/-in kann zwischen einer Luftbilddarstellung und einer digitalen Karte wählen. Innerhalb der Bildschirmdarstellungen kann vergrößert werden (Zoomfunktion). Der Maßstab von Luftbild und Karte ist veränderlich. Es können Strecken gemessen und Verbindungen zwischen zwei → Orten ermittelt werden (z. B.: kürzester oder schnellster Weg). Das Foto- und Kartenmaterial kann veraltet sein, sodass die Ansicht bei Google Maps nicht der aktuellen Wirklichkeit entsprechen muss.

Granit (S. 80)

Granit ist ein hartes Erstarrungsgestein aus der → Magma. Es gehört zu den häufigsten Gesteinen in der → Erdkruste. Es kommt in den Alpen, im Bayerischen Wald und im Oberpfälzer Wald vor. Wegen seiner Festigkeit und seines häufigen Vorkommens wird Granit für viele Bereiche des täglichen Lebens eingesetzt (z. B. für Randsteine an Gehwegen).

Greenwich (S. 11)

Greenwich ich ein südöstlicher Vorort von London am südlichen Ufer der Themse. Durch die Sternwarte von Greenwich verläuft der Nullmeridian. Von hier aus werden die geographischen Längenangaben nach West und Ost gezählt. Nürnberg und München befinden sich ungefähr elf Grad Ost von Greenwich (11° östl. v. Gr.) und New York 74 Grad West (74° westl. v. Gr.).

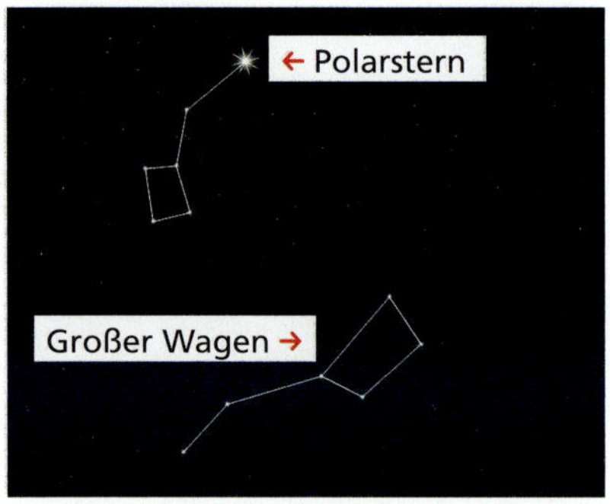

Großer Wagen (S. 29)
Der „Große Wagen“ ist eine Anordnung von Sternen am nördlichen Himmel, die zum Sternbild „Großer Bär“ gehört. Der Große Wagen ist das ganze Jahr über bei Dunkelheit und wolkenlosem Himmel zu erkennen. Wenn man den hinteren „Strich“ des Großen Wagens siebenmal verlängert, stößt man auf den Polarstern. Mithilfe des Polarsterns lässt sich die Nordrichtung bestimmen.

I

Inuit (S. 18)
„Inuit“ ist der Plural von „Inuk“. Es ist eine Volksgruppe, die auf Grönland sowie in den → arktischen Bereichen Kanadas lebt.

K

Kartenweiser (S. 18)
In einem → Atlas gibt es zwei Möglichkeiten, ein bestimmtes Gebiet (bzw. einen → Ort) zu finden. Der Kartenweiser ist eine davon. Es handelt sich dabei um auf eine Karte aufgedruckte Vierecke, die Teilgebiete markieren.

Kontinent (S. 46)
„Kontinent“ ist eine andere Bezeichnung für → Erdteil.

L

Landschaft
In der Geographie werden die Begriffe „Landschaft“ und → Raum für ein Teilgebiet eines größeren Ganzen verwendet. Man spricht beispielsweise vom „süddeutschen Raum“ und von einer „naturnahen Landschaft“.

Lava (S. 72)
Flüssiges Gestein, das aus dem Inneren der Erde austritt und an die Oberfläche gelangt, wird als „Lava“ bezeichnet.

Lichtjahr (S. 28)
Lichtstrahlen haben eine hohe Geschwindigkeit: rund 300 000 Kilometer pro Sekunde. Ein Lichtjahr ist keine Zeitangabe, sondern es bezeichnet eine Strecke. Ein Lichtjahr ist die Strecke, die ein Lichtstrahl in einem Jahr zurücklegt. Da ein Lichtstrahl in einer Sekunde schon siebenmal um den Äquator schießt, kann sich kaum jemand die Entfernung eines Lichtjahres vorstellen.

M

Magma (S. 72)
Flüssiges Gestein im Inneren der Erde wird als „Magma“ bezeichnet. Wenn es an die Oberfläche tritt, bezeichnet man es als → Lava.

Meer (S. 46 f.)
Ein „Meer“ ist ein großes Gewässer. Meere können Teile von → Ozeanen sein. Dann bestehen sie aus Salzwassser. Es gibt kleinere Gewässer in Deutschland, die aus Süßwasser bestehen und auch als „Meer“ bezeichnet werden – beispielsweise das „Steinhuder Meer“ in Niedersachsen.

Meeresbiologie (S. 51)
Die Meeresbiologie ist eine Wissenschaft, die sich mit den Lebewesen und den Lebensverhältnissen (Wassertemperatur, Salzeghalt, Strömungen usw.) im Meer beschäftigt.

Mesosaurus (S. 71)

Der Mesosaurus gehörte zu den Kriechtieren und starb bereits vor vielen Millionen Jahren aus. Vermutlich konnte er sich im Wasser wesentlich besser fortbewegen als an Land. Er wurde bis zu etwa einem Meter lang. Versteinerte Überreste des Mesosaurus findet man heute in Südamerika und in Südafrika.

Mittelmeer (S. 47)
Ein Mittelmeer ist ein großes → Nebenmeer, das zwischen zwei → Kontinenten liegt.

N

Nebenmeer
„Nebenmeer" ist ein Oberbegriff für → Binnenmeer, → Mittelmeer und → Randmeer.

Niederschlag (S. 19)
Unter „Niederschlag" werden alle Formen des sichtbaren Wassers verstanden, die aus der Luft stammen. Dunst und Nebel gehören ebenso dazu wie Hagel, Schnee und Regen. Gemessen wird Niederschlag in Millimetern in Messbehältern. Ein Millimeter Niederschlag bedeutet, dass auf einer Grundfläche von einem Quadratmeter ein Liter Niederschlag gefallen ist. 600 mm (= 60 cm) Niederschlag entsprechen 600 Litern auf einem Quadratmeter. (In eine Badewanne passen übrigens ungefähr 250 bis 300 Liter Wasser.)

Nördliche Kalkalpen (S. 76)
Die „Nördlichen Kalkalpen" sind ein Teil der Ostalpen. Sie erstrecken sich vom Rheintal bis nach Wien. Die Kalkalpen bestehen hauptsächlich aus hellem Kalkstein.

O

OpenStreetMap (S. 23)
„OpenStreetMap.org" wurde 2004 gegründet und ist ein internationales Projekt. Man verfolgt das Ziel, eine freie Weltkarte zu erschaffen.

Ort (S. 15)
„Ort" ist eine allgemeine Bezeichnung für eine bestimmte Position in der Geographie. So kann beispielsweise ein Dorf ein Ort sein, aber auch ein Berg. Jede → Stadt ist ein Ort, aber nicht jeder Ort ist eine Stadt.

Ozean (S. 46 f.)
Ein Ozean ist ein großes → Meer.

P

Pangäa (S. 70)
Pangäa war eine einzige zusammenhängende Landmasse, die es vor etwa 300 bis 150 Millionen Jahren auf der Erde gab. Sie zerbrach nach und nach. Es bildeten sich daraus die → Erdteile.

Planquadrat
Um sich mit Karten gut zurechtzufinden, wird auf ihnen ein Gitter aufgedruckt, das mit Buchstaben und Zahlen bezeichnet ist. Eine Angabe im → Register eines → Atlas könnte so aussehen: „München 20/21 E3". Es bedeutet, dass München auf einer Karte zu finden ist, die sich auf den Seiten 20 und 21 befindet. Dort sucht man im Planquadrat E3.

R

Randmeer (S. 47)
Ein Randmeer ist ein → Nebenmeer, das sich am Rand eines → Kontinents oder → Ozeans befindet. Ein Randmeer des Atlantischen Ozeans ist beispielsweise die Nordsee.

Raum (S. 47)
In der Geographie spricht man von „Räumen" für Teilgebiete eines größeren Ganzen. Ähnlich ist der Begriff → Landschaft, der jedoch eher für naturnahe Flächen wie Waldgebiete benutzt wird. In Wetterberichten hört man manchmal so etwas wie „im Raum München ist mit starkem Wind zu rechnen", womit eine nicht genauer eingegrenzte Fläche im Bereich der bayerischen Landeshauptstadt gemeint ist.

Register (S. 47)
In einem Register werden wichtige Begriffe eines Buches alphabetisch und mit Seitenverweisen hintereinander aufgelistet. So kann schnell etwas zu einem Sachverhalt gefunden werden, ohne lange blättern zu müsssen. In diesem Buch befindet sich das Register auf den Seiten 142 und 143.

S

Schichtvulkan (S. 72)
Vulkane werden unterschieden in Schichtvulkane und → Schildvulkane. Ein Schichtvulkan baut sich im Laufe vieler Jahre auf und wird (Schicht um Schicht) höher/steiler.

Schildvulkan (S. 72)
Anders als ein → Schichtvulkan bildet sich ein Schildvulkan flach aus. Die aus ihm austretende → Lava schießt nicht explosionsartig hervor, sondern fließt.

Stadt (S. 15)
Eine Stadt ist ein größeres „Gebilde" von Gebäuden und Verkehrswegen. Eine Kleinstadt in Deutschland hat zwischen 5000 und 20 000 Einwohner, eine Großstadt hat mindestens 100 000 Einwohner.

Südliche Kalkalpen (S. 76)
Die „Südlichen Kalkalpen" bilden den südlichen Teil der Alpen. Hieran hat Deutschland keinen Anteil. Die Kalkalpen bestehen hauptsächlich aus hellem Kalkstein.

→ Diese Begriffe werden (alphabetisch eingeordnet) auch erklärt.

Register

* = dieser Begriff wird auf der genannten Seite erklärt
f. = und folgende Seite
ff. = und folgende Seiten

Bildquellen

Cover (U1): mauritius images/Westend/61/Biederbick&Rumpf; **U2:** Cornelsen/Peter Kast; **2 v.o.n.u.:** Shutterstock/Anton Balazh; Fotolia/Elena Duvernay; Shutterstock/Juan Aunion; **3 v.o.n.u.:** Shutterstock/Wead; Panthermedia/Wolfgang Zwanzger; picture alliance/Hajo Dietz; Shutterstock/hxdbzxy; **6+7:** Shutterstock/Anton Balazh; **7 o.:** Shutterstock/Sunny studio; **10 M1:** Bridgeman Art Library; **10 M3:** Clip Dealer/Monkey Business Images; **11 M6:** Shutterstock/Tomasz Trojanowski; **11 M7:** Shutterstock/Alex Staroseltsev; **12 M1:** Shutterstock/You can more; **12 M2:** © Geobasisdaten: Bayerische Vermessungsverwaltung; **12 M3:** Fotolia/T. Linack; **12 M4:** Fotolia/svetlana_g; **20 M1:** Fotolia/Alexander Rochau; **21 M2:** Fotolia/anni94; **21 M3:** Fotolia/Mateusz Fron; **22 M2:** Shutterstock/Pincasso; **23 M3:** Shutterstock/Andrei Park; **25 M4:** Shutterstock/Michael Rosskothen; **26+27:** Fotolia/Elena Duvernay; **27 o.:** Shutterstock/pbombaert; **28 M1:** Fotolia/Fabio Lamanna; **29 M2:** Fotolia/Christos Georghiou; **31 M4:** Shutterstock/Nemeziya; **32 M1:** mauritius images/Science Source; **32 M2:** Shutterstock/Andrey Armyagov; **33 M3:** Shutterstock/NikoNomad; **34 M1:** Fotolia/bizoo_n; **34 M2:** Shutterstock/djdarkflower; **35 M3:** Shutterstock / Rafael Ramirez Lee; **35 M5:** Shutterstock/f-f-f-f; **36 M1:** Fotolia/exopixel; **36 M2:** picture alliance/Christine Koe; **38 M1 l.:** Shutterstock/DM7; **38 M1 r.:** Shutterstock/Valua Vitaly; **38 M2:** Shutterstock/Videologia; **39 M4:** Cornelsen/Klaus Becker; **39 M5:** Shutterstock/Teguh Mujiono; **40 M1:** Fotolia/nikonomad; **40 M2:** Shutterstock/Pakhnyushchy; **41 M4:** Fotolia/Marina; **42 M4:** Shutterstock/Andrey Armyagov; **43 M5:** Shutterstock/SAHACHAT SANEHA; **43 M7:** Shutterstock/cobalt88; **44+45:** Shutterstock/Juan Aunion; **45 o.:** Shutterstock/Dirk Ercken; **46 M1:** Colourbox; **50 M3:** Shutterstock/Ivonne Wierink; **51 M4:** Cornelsen; **51 M5:** picture-alliance/dpa-Grafik; **52 M1:** Fotolia/Oleksiy Mark; **52 M2+M4:** Cornelsen/Wolfgang Mattern; **52 M3:** Fotolia/napatcha; **53 M5+M6:** Cornelsen/Wolfgang Mattern; **55 M5:** Cornelsen/Matthias Pflügner; **55 M6:** Shutterstock/travelpeter; **56 M1:** Shutterstock7totallyjamie; **56 M2:** Shutterstock/Iconic Bestiary; **56 M3:** Shutterstock/Peter Kleine; **57 M5:** Cornelsen/Matthias Pflügner; **58 M3:** Shutterstock/Volina; **58 M4:** Shutterstock/Yongyut Kumsri; **59 M5:** Shutterstock/Juan Gracia; **59 M6+M7:** Shutterstock/Stephen Mcsweeny; **59 M8:** Shutterstock/Francesco Dazzi; **60 M4:** Shutterstock/Dejan Gileski; **61 M6:** Shutterstock/Ksenia Ragozina; **61 M7:** Shutterstock/Denis Burdin; **62 M2:** Shutterstock/CHAINFOTO24; **62 M4:** Shutterstock/Alan Uster; **63 M5:** Shutterstock/AustralianCamera; **63 M6:** Shutterstock/Egon Zitter; **63 M7:** Shutterstock/Aleksey Stemmer; **63 M8:** Shutterstock/Eduardo Rivero; **64 M1:** Shutterstock / Ksenia Ragozina; **65 M3:** Shutterstock/Pakhnyushchy; **65 M4:** Shutterstock/Jess Kraft; **65 M5:** Shutterstock/Ruslana Iurchenko; **66 o.:** Cornelsen; **66 u.:** Shutterstock/sweetok; **67 M6:** Shutterstock/aaabbbccc; **68+69:** Shutterstock/Wead; **69 o.:** Fotolia/yrabota; **71 M4:** Shutterstock/Elenarts; **72 M1:** Shutterstock/etvulc; **73 M4:** Shutterstock/vvoe; **74 M2:** Fotolia/Andrea Danti; **74 M3:** Fotolia/der_chris87; **75 M4:** Shutterstock/corbac40; **75 M5:** Fotolia/muro; **75 M2:** Shutterstock/Agata Dorobek; **77 M4:** Fotolia/Daniel Prudek; **78 M1:** Shutterstock/Jojoo64; **78 M2:** Shutterstock/Oleg Znamenskiy; **78 M3:** Shutterstock/Nickolay Vinokurov; **78 M4:** Fotolia/hardyuno; **79 M5:** Fotolia/A.Jedynak; **80 M1:** Shutterstock/Whiteaster; **80 M2:** Shutterstock/vallefrias; **80 M3:** Shutterstock/Gyvafoto; **81 M5:** Shutterstock/Inu; **81 M6:** Shutterstock/Julie A. Felton; **82 M1(collage):** Shutterstock/dinozzaver; Shutterstock/Nickolay Grigoriev; **82 M2:** Shutterstock/Catalin Petolea; **83 M3:** Shutterstock/snapgalleria; **84 M1:** Fotolia/Zacarias da Mata; **84 M2:** Fotolia/Volker Werner; **84 M3:** Fotolia/countrypixel; **85 M5:** Shutterstock/Robert Kneschke; **86 M1:** Shutterstock/Air Images; **86 M3:** Shutterstock/Lopolo; **87 M4:** Shutterstock/Tom Wangf; **87 M5:** Shutterstock/Elena Elisseeva; **87 M6:** Fotolia/ Serghei Velusceac; **88 M1:** Shutterstock/PathDoc; **88 M2:** Shutterstock/Gruffif; **88 M3:** Shutterstock/Dmitry Kalinovsky; **89 M4 (collage):** Shutterstock/photka; Shutterstock/petovarga; **89 M5:** Shutterstock/Ljupco Smokovski; **90 M1:** Shutterstock/Jojoo64; **90 M2:** Shutterstock/elenabsl; **91 M7:** Shutterstock/Elegant Solution; **92+93:** Panthermedia/Wolfgang Zwanzger; **93 o.:** Fotolia/sborisov; **94 M3:** Clipdealer/Knut Niehus; **94 M4:** euroluftbild.de/Mario Siegemund; **94 M5:** picture alliance/euroluftbild.de/Gerhard Launer; **94 M6:** INTERFOTO/imagebroker / Siegfried Kuttig; **95 l.:** Shutterstock/tratong; **96 M1:** Shutterstock/kot-obormot; **96 M2:** Shutterstock/maxpro; **96 M3:** Shutterstock/haraldmuc; **96 M.:** Shutterstock/Odua Images; **96 r.:** Shutterstock/Piotr Marcinski; **97 M5:** Shutterstock/baranq; **97 M6:** Shutterstock/Matthias Meckel; **97 M7:** Shutterstock/YanLev; **98 r.:** Shutterstock/BlueRingMedia; **99 M2:** Shutterstock/KonstantinChristian; **99 M5:** Shutterstock/Tanarch; **101 M4:** Shutterstock/graphego; **101 M5+M6:** Cornelsen; **102 o.l.:** Fotolia/ photolars; **102 M2:** Fotolia/Zoe; **102 M.l.:** Cornelsen; **102 M3:** Fotolia/FM2; **104 M1:** Shutterstock/Pushkin; **104 M2:** picture alliance; **105 M3:** Fotolia/Jenny Sturm; **106 M1:** Shutterstock/Henrik Larsson; **106 M2:** Shutterstock/TTphoto; **106 M4:** Shutterstock/PHOTOunterwegs; **106 M5:** Shutterstock/canadastock; **107 M6:** Fotolia/Astrid Gast; **107 M7:** Shutterstock/Ivonne Wierink; **108 M1:** Fotolia/ExQuisine; **108 M3:** Shutterstock/Swapan Photography; **108 M3:** Shutterstock/Budimir Jevtic; **109 M4:** Shutterstock/prudkov; **110 M2:** Fotolia/ExQuisine; **110 M4:** Cornelsen; **112+113:** picture alliance/Hajo Dietz; **113 o.:** Fotolia/Val Thoermer; **114 M1:** Shutterstock/Scirocco340; **115 M3:** Fotolia/Schulz Foto; **115 M4:** Shutterstock/Viktoriya; **118 M1:** Shutterstock/Oleksiy Mark; **118 M2:** Shutterstock/littlekop; **118 M3:** Shutterstock/Photographee.eu; **118 M4+M5:** Shutterstock/Sergey Mikhaylov; **119 M6:** Shutterstock/Brian A. Jackson; **118 M7:** Shutterstock/Sergey Furtaev; **119 M9:** Shutterstock/pe3k; **120 l.o.:** Fotolia/FM2; **120 M1:** Shutterstock/www.BillionPhotos.com; **120 M2:** Fotolia/ Siegmar; **120 M3:** Shutterstock/Pressmaster; **121 M5 o.:** Shutterstock/Photographee.eu; **121 M5 u.:** Shutterstock/Iakov Filimonov; **121 M6:** Shutterstock/3103; **122 M1:** Shutterstock/quinky; **121 M2:** Shutterstock/Iakov Filimonov; **121 M3:** Shutterstock/honoka; **123 M5:** Shutterstock/Denis Rozhnovsky; **124 M1:** Shutterstock/Zarja; **124 M2:** Shutterstock/Andrii Gorulko; **125 M3:** Shutterstock/Evikka; **125 M4:** Shutterstock/AlenD; **126 M1+M2:** Shutterstock; **127 M3:** Shutterstock/Cartoonresource; **127 M4:** Shutterstock/Kjpargeter; **128 M1:** Fotolia/scusi; **128 M3:** Shutterstock/Baloncici; **129 M4:** Shutterstock/BarryTuck; **129 M5:** Fotolia/katrin_timoff; **129 M6:** Shutterstock/FirmaV; **129 M7:** Fotolia/VRD; **130 M2:** Fotolia/Kara; **130 M3:** Fotolia/Wolfgang Cibura; **131 M4:** Shutterstock/rafyfane; **131 M5:** Fotolia/Kara; **131 M6:** Shutterstock/rafyfane; **132+133:** Shutterstock/hxdbzxy; **133 o.:** Fotolia/kasto; **134 M1:** Shutterstock/Victorius; **135 M3:** Shutterstock/aerial-photo; **135 M4:** Shutterstock/tovovan; **136 M2:** Shutterstock; **137 M4:** Shutterstock/connel; **137 M5:** Shutterstock/Concept Photo; **138 o.l.:** Shutterstock/Number001; **138 u.l.:** Shutterstock/CoraMax; **138 M.:** Fotolia/Juulijs; **138 r.:** Fotolia/take; **139 l.:** Shutterstock/Sergey Furtaev; **139 M.:** Fotolia/Rainer Schmittchen; **139 r.o.:** Fotolia/© Bernd Schmidt; **139 r.u.:** Shutterstock/PlusONE; **140 o.l.:** Fotolia/senoldo; **140 u.l.:** Shutterstock/Konstantin Shevtsov; **140 u.M.:** Shutterstock/www.sand-atlas.org; **140 r.:** Shutterstock/Elenarts; **141 l.:** Fotolia/olandsfokus; **141 r.:** Shutterstock/Chris Pole; **U3:** Cornelsen/Peter Kast

Cornelsen/Volkhard Binder: 47 M5+M7; 54 M3; 77 M5; 79 M7-M9; 83 M4; 91 M8; 100; 103 M5; 110 M5; 116+117

Cornelsen/Matthias Pflügner: 57 M5

Cornelsen/Dieter Stade: 10 M2, M4, M5; 13 M5; 14 M1-M5; 15 M6; 16 M1; 17 M2; 18 M1; 19 M2+M4; 21 M4; 22 M1; 23 M3; 24 M1; 25 M5+M6; 29 M3; 30 M1+M2; 31 M3; 33 M4; 35 M4; 37 M3+M4; 38 M3; 41 M3; 42 M1+M3; 43 M6+M8; 46 M2-M4; 47 M6; 48 M1-M3; 49 M4-M7; 53 M7+M8; 54 M1; 55 M4; 56 M4; 57 M6; 60 M5; 62 M3; 64 M2; 65 M6; 70 M1; 71 M2+M3; 72 M2; 73 M3; 74 M1; 75 M1+M3; 79 M6; 81 M4; 85 M3+M5+M6; 86 M2; 90 M3+M5+M6; 94 M1+M2; 95 M7; 97 M4; 98 M1; 99 M3+M4; 101 M3; 103 M4; 106 M3; 108 M2; 109 M6+M7; 110 M1; 111 M6+M7; 114 M2; 117 M3; 118 M8; 121 M4; 125 M5+M6; 127 M5; 128 M2; 131 M7; 135 M2; 137 M3; 136 M1; 140 o.M.

Cornelsen/Hans Wunderlich: 8 M1; 9 M1; 24 M2; 50 M1; 54 M2; 58 M1+M2; 60 M1–M3; 62 M1

Redaktion: Dr. Frank Erzner

Illustration: Hans Wunderlich, Berlin

Grafik: Dieter Stade, Hemmingen

Karten: Dieter Stade, Hemmingen; Peter Kast, Wismar

Umschlagbild: München, Altes Rathaus (Westseite)
(mauritius images/Westend/61/Biederbick & Rumpf)

Covergestaltung: Corinna Babylon, Berlin

Layout: L101 Mediengestaltung, Berlin

technische Umsetzung: zweiband.media, Berlin

www.cornelsen.de

1. Auflage, 1. Druck 2017

Alle Drucke dieser Auflage sind inhaltlich unverändert
und können im Unterricht nebeneinander verwendet werden.

Druck: Firmengruppe APPL, aprinta Druck, Wemding

ISBN: 978-3-06-064566-4
ISBN: 978-3-06-065280-8 (E-Book)

PEFC
PEFC/04-32-0928

PEFC zertifiziert
Dieses Produkt stammt aus nachhaltig
bewirtschafteten Wäldern und kontrollierten
Quellen.

www.pefc.de

Legende

Orte (Einwohnerzahl)

über 1000000
500000 – 1000000
100000 – 500000
50000 – 100000
unter 50000

Landhöhen

2000 – 3000m
1500 – 2000m
1000 – 1500m
750 – 1000m
500 – 750m
350 – 500m
200 – 350m
100 – 200m

• 1838 Höhenzahl

Kanal
Sumpf, Moor

0 25 50 75 km